计算机图像处理技术及应用研究

陈利萍　郝　燕　王庆飞　著

东北林业大学出版社

Northeast Forestry University Press

·哈尔滨·

图书在版编目（CIP）数据

计算机图像处理技术及应用研究 / 陈利萍，郝燕，王庆飞著 . —哈尔滨：东北林业大学出版社，2024.1

ISBN 978-7-5674-3431-8

Ⅰ . ①计… Ⅱ . ①陈… ②郝… ③王… Ⅲ . ①图像处理软件 Ⅳ . ① TP391.413

中国国家版本馆 CIP 数据核字 (2024) 第 032794 号

责任编辑：潘　琦
封面设计：文　亮
出版发行：东北林业大学出版社
　　　　　　（哈尔滨市香坊区哈平六道街 6 号　邮编：150040）
印　　装：河北创联印刷有限公司
开　　本：787 mm × 1092 mm　1/16
印　　张：15.75
字　　数：230 千字
版　　次：2024 年 1 月第 1 版
印　　次：2024 年 1 月第 1 次印刷
书　　号：ISBN 978-7-5674-3431-8
定　　价：85.00 元

前　　言

随着科技和经济的快速发展，计算机技术已经应用到人们的生活和工作中。而在计算机技术发展的同时，人们对图像处理的要求也越来越高。图像处理技术作为计算机技术的一个重要组成部分，在更好地满足人们需求的同时，也渗透到了各行各业中。

数字图像处理技术是计算机处理任务中最重要的任务之一，也是非常考验计算机性能的一部分。并且由于图像是人最直接的接触，所以人们在这一方面进行了很多次的尝试与试验，最终在短短的几十年的时间里使计算机的数字图像处理技术得到了长足的发展。

本书就计算机图像处理技术及应用做出详细的分析和研究，先从数字图像基本知识入手，介绍了数字图像发展理论与图像识别、数字图像预处理技术，接着分析了 Photoshop 图像处理基础，接着对计算机图像处理技术理论与创新做出探讨，之后对计算机图像处理技术的应用与实践进行举例分析，最后在人工智能与图像处理融合方面做出总结和探讨，有利于学习者进一步掌握和应用相关知识，提高创作技能。

在编写本书的过程中，参考了国内外出版的大量书籍和论文，在此对该书中所引用书籍和论文的作者深表感谢。由于作者水平有限，书中难免有不足和不妥之处，恳请读者批评指正。

作者

2023 年 10 月

目　　录

第一章　数字图像基本认识

数字图像处理又称为计算机图像处理，它是指将图像信号转换成数字信号并利用计算机对其进行处理的过程。本章主要介绍数字图像的概念及分类、数字图像的文件类型、图像的像素和分辨率、图像的色彩模式、图形图像的文件格式及其转换，从而引出数字图像识别的研究内容。

第一节　图像的概念及分类

图像是对客观对象的一种相似性的、生动的描述或表示。图像的种类很多，属性及分类方法也很多。从不同的视角看图像，其分类方法也不同。

一、按人眼的视觉特点对图像分类

按人眼的视觉特点，可将图像分为可见图像和不可见图像。

可见图像又包括生成图像（通常称为图形或图片，如图 1-1 所示）和光图像（如图 1-2 所示）两类。图形侧重于根据给定的物体描述模型、光照及想象中的摄像机的成像几何，生成一幅图或像。光图像侧重于用透镜、光栅和全息技术产生的图像。我们通常所指的图像是后一类图像。不可见的图像包含不可见光（如 X 射线、红外线、紫外线、超声、磁共振等）成像和不可见量成像，如温度、压力及人口密度的分布图等。

图1-1 生成图像（图形）

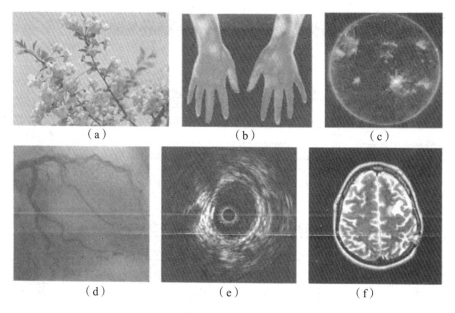

（a） （b） （c）

（d） （e） （f）

图1-2 光图像

（a）可见光图像；（b）红外线图像；（c）紫外线图像；（d）X射线血管造影图像；

（e）血管内超声图像；（f）人脑磁共振图像

二、按波段分类

按波段，可将图像分为单波段、多波段和超波段图像。单波段图像在每个像素点只有一个亮度值；多波段图像上的每一个像素点具有不止一个亮度值,例如,红、绿、蓝三波段光谱图像或彩色图像在每个像素具有红、绿、蓝三个亮度值,这三个值表示在不同光波段上的强度,人眼看来就是不同的颜色;超波段图像上每个像素点具有几十或几百个亮度值,如遥感图像等。

三、按空间坐标和明暗程度的连续性分类

按空间坐标和明暗程度的连续性,可将图像分为模拟图像和数字图像。模拟图像的空间坐标和明暗程度都是连续变化的,计算机无法直接处理。数字图像是指其空间坐标和灰度均不连续、用离散的数字表示的图像,这样的图像才能被计算机处理。因此,数字图像可以理解为图像的数字表示,是时间和空间的非连续函数(信号),是由一系列离散单元经过量化后形成的灰度值的集合,即像素的集合。

第二节　数字图像的文件类型

一、位图图像

位图图像也称点阵图像,它是由许多点组成的。这些点称为像素,当许许多多不同颜色的点(像素)组合在一起时,便构成了一幅完整的图像。在日常生活中,点阵图是常见的,如照片是由银离子组成的,屏幕是由光点组成的,印刷品是由网点组成的。点阵图的优点是弥补了向量图的不足,能够制作出颜色与色调变化丰富的图像,可以逼真地再现大自然的景象,也能够在不同的软件之间交换文件。由于点阵图像要记录每一个像素的位置与色彩数据,文件的大小就要看图像的像素大小了。图像的分辨率越高,文件就越大,处理速度也就越慢,也就可以越逼真地表现自然界的图像,达到照片般的品质。点阵图像的缺点是在缩放和旋转时会产生失真现象,

也无法制作真正的 3D 图像，文件较大。

位图图像中的像素点可以进行不同的排列和染色以构成图样。当放大位图时，可以看见赖以构成整个图像的无数单个方块。扩大位图尺寸的效果是增多单个像素，从而使线条和形状显得参差不齐。然而，如果从稍远的位置观看它，位图图像的颜色和形状又显得是连续的。由于每一个像素都是单独染色的，可以通过以每次一个像素的频率操作选择区域而产生近似相片的逼真效果，诸如加深阴影和加重颜色。缩小位图尺寸也会使原图变形，因为此举是通过减少像素来实现图像尺寸变小的。同样，由于位图图像是以排列的像素集合体形式创建的，所以不能单独操作（如移动）局部位图。

制作位图图像的软件也比较多，如 Adobe Photoshop 、Corel Photo-paint、Design Painter 、Ulead Photo Impact 等。

位图图像有时候也叫作栅格图像，Photoshop 以及其他的绘图软件一般都使用位图图像。位图图像由像素组成，每个像素都被分配一个特定位置和颜色值。在处理位图图像时，编辑的是像素而不是对象或形状，也就是说，编辑的是每一个像素点。

每一个栅格代表一个像素点，而每一个像素点只能显示一种颜色，位图图像一般具有以下特点：

（1）文件所占的存储空间大。对于高分辨率的彩色图像，用位图存储所需的储存空间较大，像素之间独立，所以占用的硬盘空间、内存和显存比矢量图都大。

（2）位图放大到一定倍数后，会产生锯齿，由于位图是由最小的色彩单位像素点组成的，所以位图的分辨率与像素点的数量有关。

（3）位图图像在表现色彩、色调方面的效果比矢量图更加优越，尤其在表现图像的阴影和色彩的细微变化方面效果更佳。

（4）位图的格式有 bmp、jpg、gif、psd、tif、png 等。另外，位图图像

与分辨率有关，即在一定面积的图像上包含有固定数量的像素。因此，如果在屏幕上以较大的倍数放大显示图像，或以过低的分辨率打印，位图图像会出现锯齿边缘。在一些放大的位图中，可以清楚地看到像素点的形状。

（5）图像由许多点组成，点称为像素（最小单位）。表现层次和色彩比较丰富的图像，放大后会失真（变模糊）。

（6）每个像素的位数有：1（单色）、4（16色）、8（256色）、16（64K色，高彩色）、24（16M色，真彩色）、32（4096M色，增强型真彩色）。

二、矢量图形

矢量图形也称作向量式图形，它是以数学矢量的方式来记录图像内容的。矢量图形使用直线和曲线来描述图形，这些图形的元素是一些点、线、矩形、多边形、圆和弧线等，它们都是通过数学公式计算获得的。例如，一幅花的矢量图形实际上是由线段形成外框轮廓，由外框的颜色以及外框所封闭的颜色决定花显示出的颜色。

矢量图形也称为面向对象的图像或绘图图像，是计算机图形学中用点、直线或者多边形等基于数学方程的几何图元表示的图像。矢量图形最大的优点是无论放大、缩小或旋转都不会失真；最大的缺点是难以表现色彩层次丰富的逼真图像效果。

矢量图形的每个对象都是一个自成一体的实体，都可以在维持它原有清晰度和弯曲度的同时，多次移动和改变它的属性，而不会影响图形中的其他对象，这意味着它们可以按最高分辨率显示到输出设备上。

矢量图形的内容是以线条和色块为主的，因此，其文件所占用的空间比较少。例如，记录一条线条的数据，仅仅记录其两个端点的坐标与线段的粗细和色彩就可以了。矢量图形可以比较容易地进行放大、缩小、旋转等操作，也不容易失真，并且线条平滑，无锯齿状。由于其精确度较高，所以可以制作3D图像。但其明显的缺点是不容易制作出色调丰富或者色彩变化大的图像来，由于无法像照片般精确地描绘自然界的图像，绘制出来的图像就不够逼真，且不同软件之间难以交换文件。矢量图以几何图形居多，图形可以无限放大，不变色、不模糊，常用于图案、标识、VI、文字等设计。矢量图形的优缺点如下：

（1）文件小，图像中保存的是线条和图块的信息，所以矢量图形文件与分辨率和图像大小无关，只与图像的复杂程度有关，图像文件所占的存储空间较小。

（2）图形可以无级缩放，对图形进行缩放、旋转或变形操作时，图形不会产生锯齿效果。

（3）可采取高分辨率印刷，矢量图形文件可以在任何输出设备打印机上以打印或印刷的最高分辨率进行打印输出。

（4）最大的缺点是难以表现色彩层次丰富的逼真图像效果。

（5）矢量图形与位图的效果有天壤之别，矢量图形无限放大不模糊，大部分位图都是由矢量导出来的，也可以说矢量图形就是位图的源码，源码是可以编辑的。

制作矢量图形的软件比较多，如 FreeHand、Illustrator、CorelDraw、AutoCAD 等，工程制图、美工图通常用矢量图形软件来绘制。在 Photoshop 软件中的"路径"绘图方法也属于矢量式的。

第三节　图像的像素和分辨率

一、像素

像素的英文"Pixel"是由"Picture"和"Element"这两个单词组成的，是图像最基本的单位。如同摄影的相片一样，数码影像也具有连续性的浓淡阶调，我们若把影像放大数倍，会发现这些连续色调其实是由许多色彩相近的小方点所组成的，这些小方点就是构成影像的最小单位"像素"。因此，用通俗的话来说，像素就是能单独显示颜色的最小单位或点，称作像素点或像点。

单一像素长与宽的比例不见得是正方形（1：1），依照不同的系统，有"1.45：1"以及"0.97：1"的比例，每一个像素都有一个对应的色板。

像素与颜色的关系，如表 1-1 所示。

表 1-1　像素与颜色的关系

1 bit=2 色	7 bit=128 色
4 bit=16 色	8 bit=256 色
5 bit=32 色	16 bit=32 769 色
6 bit=64 色	24 bit=16 777 216 色

从表 1-1 可以看出，越高位的像素，其拥有的色板也就越丰富，越能表达颜色的真实感，图像的色彩层次也就越丰富。

二、分辨率

分辨率是指在单位长度内所含的像素的多少，也就是点的多少。例如，某幅图像的分辨率是 600，也就是表示该幅图像每单位长度内含有 600 个像素或者 600 个点。

处理位图时要着重考虑分辨率问题。处理位图时，输出图像的质量取决于处理过程开始时设置的分辨率高低。分辨率是一个笼统的术语，它指一个图像文件中包含的细节和信息的大小，以及输入、输出或显示设备能够产生的细节程度。操作位图时，分辨率既会影响最后输出的质量，也会影响文件的大小。处理位图需要三思而后行，因为给图像选择的分辨率通常在整个过程中都伴随着文件。无论是在一个 300 dpi 的打印机还是在一个

2 570 dpi 的照排设备上印刷位图文件，文件总是以创建图像时所设的分辨率大小印刷，除非打印机的分辨率低于图像的分辨率。如果希望最终输出的图像看起来和屏幕上显示的一样，那么在开始工作前，就需要了解图像的分辨率和不同设备分辨率之间的关系，但矢量图就不必考虑分辨率的问题。同时，不能把分辨率仅仅理解成图像的分辨率，分辨率有很多种，大致可以分为以下五个类型。

（1）图像分辨率。图像分辨率就是每单位图像含有的像素或者点数，其单位是点／英寸，英文缩写成"dpi"。也可以用厘米（cm）或毫米（mm）作为单位计算分辨率。不同的单位所计算出来的分辨率是不相同的，用厘米计算的数值显然比前者小得多。如果没有特殊标明，通常人们用英寸为单位来表示图像分辨率的大小。

显然，图像分辨率的大小直接影响着图像的品质。图像的清晰度随着分辨率的提高而加大，同时，图像文件的容量也就增加。在实际工作中，应当根据实际需要选择经济的、合适的图像分辨率，因为图像分辨率的大小不同，计算机处理图像所需要的时间或者打印图像所需要的耗材也就不同，特别是准备上传到互联网的图像，要充分考虑浏览者打开网页所需要的时间。

（2）屏幕分辨率。屏幕分辨率也叫屏幕频率，主要是由屏幕本身和它所使用的软件来决定的。例如，VGA 显示卡的分辨率是 640×480，也就是说，其宽为 640 个像素，高为 480 个像素，直接说明了屏幕的尺寸。

（3）设备分辨率。设备分辨率是指每单位输出长度所代表的像素或者点数。设备分辨率是不能像图像分辨率那样进行修改的。数码相机、扫描仪、计算机显示器等设备都有各自固定的分辨率。

（4）输出分辨率。输出分辨率是指打印机等输出设备输出的图像每单位所产生的点数。输出分辨率越高，图像品质越好。

（5）位分辨率。位分辨率是用来表示图像的每个像素中存放多少颜色，衡量每个像素存储的信息位元数。如一个 24 位的 RGB 图像，就表示其各原色 R、G、B 均使用了 8 位，三者之和为 24 位。

第四节 图像的色彩模式

色彩模式是用来提供将一种颜色转换成数字数据的方法，从而使颜色能在多种媒体中得到连续的描述，并能跨平台使用。CorelDRAW、3D MAX、Photoshop 等软件都具有强大的图像处理功能，而对颜色的处理则是其强大功能中不可缺少的一部分。因此，了解一些有关颜色的基本知识和常用的视频颜色模式，对于生成符合人们视觉感官需要的图像无疑是大有益处的。

颜色的实质是一种光波。它的存在是因为有三个实体：光线、被观察的对象以及观察者。人眼是把颜色当作由被观察对象吸收或者反射不同波长的光波形成的。例如，在一个晴朗的日子里，人看到阳光下的某物体呈现红色时，那是因为该物体吸收了其他波长的光，而把红色波长的光反射到人眼里。当然，人眼所能感受到的只是波长在可见光范围内的光波信号。当各种不同波长的光信号一同进入眼睛的某一点时，人的视觉器官会将它们混合起来，作为一种颜色。同样，在对图像进行颜色处理时，也要进行颜色的混合，但要遵循一定的规则，即在不同颜色模式下对颜色进行处理。下面介绍常见的色彩模式。

一、RGB 色彩模式

常用的颜色模式是一种加光模式，是基于与自然界中光线原理相同的基本特性，所有颜色都是由红（Red）、绿（Green）、蓝（Blue）三种波长的基色光叠加产生的。计算机显示器上的颜色系统便是此种模式。这三种基色中每一种都有 0～255 的值，通过对不同值的红、绿、蓝三种基色进行组合来改变像素的颜色。RGB 模式的色彩表现力很强，三种基色混合起来可以产生 1 670 万种颜色，也就是常说的真彩。由此所产生的很多颜色只能用于屏幕显示，而无法印刷出来。

RGB 色彩模式是 Photoshop 中最常见的一种色彩模式，不管是扫描仪输入的图像，还是绘制的图像，几乎都是以 RGB 色彩模式储存的。在 RGB 色彩模式下处理图像比较方便，占用存储空间较小。在 RGB 色彩模式下，能使用 Photoshop 中所有的命令和滤镜。

RGB 色彩模式的图像支持多个图层，具有 R、G、B 三个单色通道和一个由它们混合颜色的彩色通道。

在 RGB 色彩模式的图像中，某种颜色的含量越多，那么这种颜色的亮度也越高，由其产生的结果中这种颜色也就越亮。例如，如果三种颜色的亮度级别都为 0(亮度级别最低)，则它们混合出来的颜色就是黑色；如果它们的亮度级别都为 255(亮度级别最高)，则显示为白色，这和自然界中光的三原色的混合原理相同。RGB 色彩模式的颜色混合原理如图 1-3 所示。

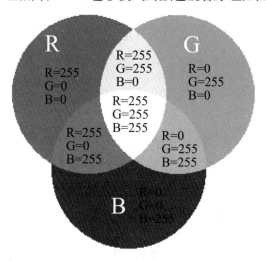

图 1-3 RGB 色彩模式的颜色混合原理

RGB 色彩模式是目前运用最广泛的色彩模式之一，它能适应多种输出的需要，并能较完整地还原图像的颜色信息。如现在大多数的显示屏、RGB 打印、多种写真输出设备都采用 RGB 色彩模式输出图像。

二、CMYK 色彩模式

CMYK 色彩模式是一种印刷的颜色模式。它由分色印刷的四种颜色组成，C、M、Y、K 分别代表青色、洋红色、黄色和黑色。其本质与 RGB 色彩模式没有什么区别，但它产生色彩的方式不同。RGB 模式产生色彩的方式是加色法，而 CMYK 色彩模式的方式是减色法，因此该模式又称为减色模式。青色与红色、洋红色与绿色、黄色与蓝色为互补色。如果将 R、G、B 的值都设置为 255，然后将 R 设置为 0，通过从基色光中减去红色的值就得到青色。同样，从基色光中减去绿色的值就得到洋红色；从基色光中减去蓝色的值就得到黄色。在 CMYK 色彩模式下，每一种颜色都是以青色、洋红色、黄色和黑色四种颜色的百分比来表示，原色的混合将产生更暗的颜色。在处理图像时，通常不采用 CMYK 模式，因为这种模式文件大，占用空间与内存较大。在这种模式下，有很多滤镜不能用，所以在 Photoshop 中，只有设计印刷品时才使用 CMYK 色彩模式。

CMYK 色彩模式的图像支持多个图层，具有 C、M、Y、K 四个单色通道和一个由它们混合颜色的彩色通道。

CMYK 色彩模式的图像中，某种颜色的含量越多，如同印刷中某种油墨的浓度越高，那么它的亮度级别就越低，在其显示中这种颜色表现得就越暗，这一点与 RGB 色彩模式的颜色混合是相反的。它和颜色的物理混合原理相同。CMYK 色彩模式的颜色混合原理如图 1-4 所示。

由于 CMYK 色彩模式所能产生的颜色数量要比 RGB 色彩模式产生的颜色数量少，所以当 RGB 色彩模式的图像转换为 CMYK 色彩模式后，图像的颜色信息会有明显的损失。

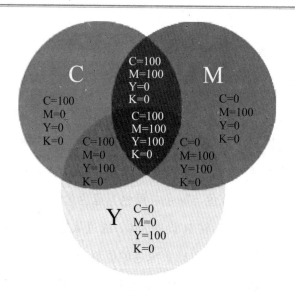

图 1-4 CMYK 色彩模式的颜色混合原理

CMYK 色彩模式能完全模拟出印刷油墨的混合颜色，目前主要应用于印刷技术中。虽然它所产生的颜色并没有 RGB 色彩模式丰富，但是它在颜色的混合中比 RGB 色彩模式多了一个黑色通道，这样所产生的颜色的纵深感要比 RGB 色彩模式更加稳定。RGB 图像会让人产生"漂"或"浮"的感觉，这是由于它没有黑色通道，所以感觉颜色的暗部深不下去。

三、LAB 色彩模式

LAB 色彩模式是一种不太常用的色彩模式，它以两个颜色分量 A、B 以及一个亮度分量 L 来表示，其中 A 是由绿色到红色的光谱变化，范围是 -120 ~ 120；B 是由蓝色到黄色的光谱变化，范围是 -120 ~ 120；L 代表亮度，范围是 0 ~ 100。LAB 色彩模式结合亮度的变化来模拟各种各样的颜色。通常情况下，人们很少使用 LAB 色彩模式，但使用 Photoshop 进行图像处理时，实际上已经使用了这种模式，因为 LAB 色彩模式是 Photoshop 内部的色彩模式。如要将 RGB 色彩模式图像转换成 CMYK 色彩模式图像时，Photoshop 首先将 RGB 色彩模式转换成 LAB 色彩模式，然后再由 LAB 色彩模式转换成 CMYK 色彩模式。因此 LAB 色彩模式是目前包含色彩最广泛的一种模式，它能毫无偏差地在不同系统和平台之间进行转换。

四、索引色彩模式

索引色彩模式（Indexed Color）在多媒体或者网页中应用较多，因为这种色彩模式的图像要比 RGB 色彩模式的图像小得多，大约是 RGB 色彩模式的 1/3，因此可以大大减少文件存储空间。在索引色彩模式下，每个颜色都不能改变它的亮度，如果图像文件中的颜色亮度与其中的颜色亮度不符合，则它会自动将图像的色彩以相近的色彩取代，使图像文件只显现 256 色。这就使得索引色彩模式对于连续的色调处理无法像 RGB 色彩模式或者 CMYK 色彩模式那么平顺，因此多用于网络或动画中。

当图像转化为索引色彩模式后，通常会构建一个调色板来存放索引图像的颜色，如果原图像中的一种颜色没有出现在调色板中，程序会自动选取已有颜色中最接近的颜色来模拟该颜色。

五、HSB 色彩模式

HSB 色彩模式是一种基于人的直觉的色彩模式，利用此种色彩模式可以轻松自然地选择各种不同明亮度的颜色，许多用传统技术工作的画家或者设计者习惯使用此种色彩模式，它为将自然颜色转换成计算机创建的色彩提供了一种直觉的方法。

基于人对颜色的感觉，可以将颜色看作是由色相（H）、饱和度（S）、明亮度（B）组成的。这里的色相是指物体反射或者透射的光的波长，也就是通常说的红色、蓝色等，范围是 0 ~ 359。饱和度是颜色成分所占的比例，范围是 0 ~ 100%。当饱和度为 0 时，其色彩即为灰色（白、黑与其他灰度色彩没有饱和度）；当饱和度为 100% 时，其色彩变得最为鲜艳。明亮度是指颜色的明亮程度，范围也是 0 ~ 100%。最适当的明亮度是图像色彩最鲜明的状态。

六、灰度模式

灰度模式在图像中使用不同的灰度级。在 8 位图像中，最多有 256 级灰度。灰度图像中的每个像素都有一个 0（黑色）到 255（白色）之间的亮度值。在 16 位和 32 位图像中，图像中的级数比 8 位图像要大得多。

灰度值也可以用黑色油墨覆盖的百分比来度量（0 相当于白色，100% 相当于黑色）。

灰度模式使用"颜色设置"对话框中指定的工作空间设置所定义的范围。

在 Photoshop 里对彩色图像执行"图像—模式—灰度"，会弹出警告对话框，提示此操作会扔掉图像的颜色信息，并且不能恢复（除非使用历史记录取消操作）。

如果图像中含有多个图层，则在转换过程中会提示是否在扔掉颜色信息时合并图层。

灰度模式的图像支持多个图层，如果选择不合并图层，则其转换后的图层信息被完全保留。

灰度模式的图像也可以转换为其他的彩色模式，转换过程中，灰度色会被其他色彩模式的颜色代替。如转换为 RGB 色彩模式或 CMYK 色彩模式时，在人的视觉上还是一张灰度图片，但是它原有的灰度色已经被构成 RGB 或 CMYK 的各种单色混合出来的灰色代替了。

七、位图模式

位图模式使用两种颜色值（黑色或白色）之一表示图像中的像素。位图模式下的图像被称为位映射或位图像，因为其位深度为 1。位图模式的图像也叫作黑白图像，它包含的信息是以下几种模式中最少的，因而图像也最小。当一幅彩色图像要转换成黑白模式时，不能直接转换，必须先将图像转换成灰度模式。由于位图模式只用黑白色来表示图像的像素，在将图像转换为位图模式时会丢失大量细节，因此 Photoshop 提供了几种算法来模拟图像中丢失的细节。在宽度、高度和分辨率相同的情况下，位图模式的图像尺寸最小，约为灰度模式的 1/7 和 RGB 色彩模式的 1/22。

八、双色调模式

双色调模式用一种灰色油墨或彩色油墨来渲染一个灰度图像。该模式最多可向灰度图像添加 4 种颜色，从而可以打印出比单纯灰度更具观赏性的图像。

双色调模式采用 2 ～ 4 种彩色油墨混合其色阶来创建双色调（2 种颜色）、三色调（3 种颜色）、四色调（4 种颜色）的图像，在将灰度图像转换为双色调模式的图像过程中，可以对色调进行编辑，产生特殊的效果，双色调模式的重要用途之一是使用尽量少的颜色表现尽量多的颜色层次，减少印刷成本。

双色调模式支持多个图层，但它只有一个通道。在 Photoshop 中对灰度图像执行"图像—模式—双色调"调出双色调选项面板，如图 1-5 所示。

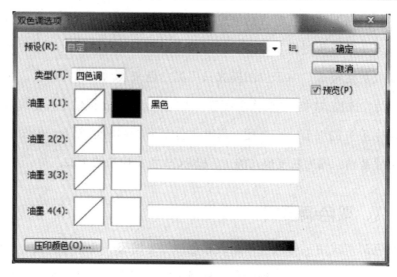

图 1-5   "双色调选项"面板

在类型中，可以设置所要混合的颜色数目，包括单色调、双色调、三色调、四色调；在中间的颜色方框中，可以任意指定用何种颜色来混合；单击其左边的曲线框，可以在调出的双色调曲线面板中调节每种颜色的饱和度，如图 1-6 所示。

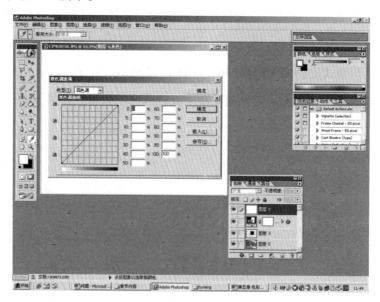

图 1-6   "双色调曲线"面板

双色调模式只能模拟出印刷的套色，并不能在真正意义上还原图像的本色。运用这种方式，可以对黑白图片进行加色处理，得到一些特别的颜色效果。这种方法在处理一些艺术照片时会经常用到。

九、多通道模式

多通道模式对有特殊打印要求的图像非常有用。例如，如果图像中只使用了一种或多种颜色，使用多通道模式可以减少印刷成本并保证图像颜色的正确输出。6 位 / 8 位 / 16 位通道模式在灰度模式、RGB 色彩模式或 CMYK 色彩模式下，可以使用 16 位通道来代替默认的 8 位通道。根据默认情况，8 位通道中包含 256 个色阶，如果增到 16 位，每个通道的色阶数量为 65 536 个，这样能得到更多的色彩细节。Photoshop 可以识别和输入 16 位通道的图像，但对于这种图像限制很多，所有的滤镜都不能使用，另外，16 位通道模式的图像不能被印刷。

十、色彩模式的转换

在 Photoshop 中可以将图像从原来的模式（源模式）转换为另一种模式（目标模式）。当为图像选取另一种颜色模式时，将永久更改图像中的颜色值。例如，将 RGB 图像转换为 CMYK 色彩模式时，位于 CMYK 色域（由"颜色设置"对话框中的 CMYK 工作空间设置定义）外的 RGB 颜色值将被调整到色域之内。因此，如果将图像从 CMYK 色彩模式转换回 RGB 色彩模式，一些图像数据可能会丢失并且无法恢复。

在转换图像之前，最好执行下列操作：

（1）尽可能在原图像模式下进行编辑（通常，大多数扫描仪或数字相机使用 RGB 图像模式，传统的滚筒扫描仪所使用的模式以及从 Scitex 系统导入的图像模式为 CMYK 图像模式）。

（2）在转换之前存储副本。务必存储包含所有图层的图像副本，以便在转换后编辑图像的原版本。

（3）在转换之前拼合文件。当颜色模式更改时，图层混合模式之间的颜色相互作用也将更改。

注意：在大多数情况下，我们都希望在转换文件之前先对其进行拼合。但是，这并不是必需的，而且在某些情况下，这种做法也不是很理想（例如，当文件具有矢量文本图层时）。

图像模式的转换通过选取软件"图像"菜单"模式"命令来实现，然后从子菜单中选取所需的模式，不可用于图像的现用模式在菜单中呈灰色。图像在转换为多通道模式、位图模式或索引色彩模式时应进行拼合，因为这些模式不支持图层。

第五节　图形图像的文件格式及其转换

一、图形图像的文件格式

1. PSD（ * .psd）

PSD（Photoshop Document）是 Photoshop 中使用的一种标准图形文件格式，即使用 Photoshop 软件所生成的图像格式。这种格式支持 Photoshop 中所有的图层、通道、参考线、注释和颜色模式，还能够自定义颜色并加以存储。虽然 PSD 文件在保存时已经将文件压缩以减少磁盘存储空间，但由于 PSD 格式包含图像数据信息较多，如图层、通道、剪辑路径、参考线等，因此，其文件要比其他格式的图像文件大得多。PSD 文件的优点是能够将不同的物件以层（Layer）的方式来分离保存，便于修改和制作各种特殊效果。

需要注意的是，如果 PSD 格式图像文件保存为其他格式的图像文件，则在保存时会合并图层，并且保存后的图像将不再具有任何图层。另外，目前只有很少几种图像处理软件能够读取这种格式。

2. JPEG(＊.jpeg; ＊.jpg)

JPEG(Joint Photographic Expert Group) 是一种高效率的压缩格式，其压缩率是目前各种图像文件格式中最高的。它用有损压缩的方式去除图像的冗余数据，但存在着一定的失真。由于其较高的压缩效率和标准化要求，目前已广泛应用于彩色传真、静止图像、电话会议、印刷及新闻图片的传送。由于各种浏览器都支持 JPEG 这种图像格式，因此它也被广泛用于图像预览和制作 HTML 网页。

3. PNG(＊.png)

PNG(Portable Network Graphics) 是 Macromedia 公司的 Fireworks 软件的默认文件格式。PNG 是目前保证最不失真的格式。它汲取了 GIF 与 GPEG 两者的优点，存储形式多种多样，兼有 GIF 与 GPEG 的色彩模式，其图像质量远胜过 GIF。与 GIF 一样，PNG 也使用无损压缩方式来减少文件的大小。PNG 图像可以是灰阶的（16 位）或彩色的（48 位），也可以是 8 位的索引色，但 PNG 图像格式不支持动画。

4. PDF(＊.pdf)

PDF 格式是 Adobe 公司专为线上出版而制定的格式，它以 PostScript Level2 语言为基础，因此可以覆盖矢量图形与位图图像，并且支持超链接。它可以包含图形与文本，是网络下载经常使用的图形文件格式。Adobe PDF 文件紧凑，易于交换。无论创建它时使用的是何种应用程序或平台，文件的外观同原始文档无异，保留了原始文件的字体、图像、图形和布局。由 Adobe 发明的便携文档格式（PDF），已成为全世界各种标准组织用来进行更加安全可靠的电子文档分发和交换的出版规范。

二、文件格式转换

1. 利用 ACDSee 进行格式转换

在 ACDSee 中打开保存有图像文件的文件夹，右键单击需要转换的图像文件，选择"转换"命令，将打开"图像格式转换"对话框，在"格式"列表中选择需要转换的文件格式，然后单击"选项"按钮，在打开的对话框中单击"在下列文件夹中放置已修改的图像"选项，设置好输出文件夹的位置，单击"确定"按钮即可。值得注意的是，选中多个图像文件，可实现批量转换。

2. 利用图像编辑软件转换

图像编辑软件（如 Windows 自带的"画图"程序、Photoshop 等）支持且能处理绝大部分格式的图像。所以，利用图像编辑软件打开一幅图像，然后单击"文件—另存为"菜单命令，在打开的"保存"对话框中的"保存类型"框中选择另一种格式保存即可。

3. 利用其他常用转换工具转换

（1）利用 Advanced Batch Converter 进行转换。运行 Advanced Batch Converter，在主界面中单击"Batch mode"（批量模式）按钮，打开相应的对话框，在右边的图像文件选择框中，选择需要转换的图像文件，单击"Add"（添加）或"Add all"（全部添加）按钮添加图像文件。在"Output format"（输出格式）列表中设置好输出的文件类型，然后单击"Start"（开始）按钮即可。

另外，在"Batch mode"对话框中单击选中"Use Advanced Options"（使用高级选项）选项，然后单击"Options"（选项）按钮，即可在打开的对话框中对图像转换后的尺寸大小、像素、DPI 和色彩效果按设置值进行自动修改。

（2）利用 Image Converter Plus 转换。运行 Image Converter Plus，在主界面中单击"Files"（文件）选项卡，单击"Add file"（添加文件）或"Add folder"（添加目录）按钮，在打开的对话框中添加需要转换的图像文件。然后单击"script"（转换脚本）选项，单击"Save image PCX format"（将文件保存为 ×× 格式）选项，在打开的菜单中选择转换的文件格式，单击"Converted images will be saved to"（转换后的文件保存目录）选项，在打开的菜单中选择转换后文件的保存目录。设置完毕，单击"确定"按钮即可。

第二章　数字图像发展理论与图像识别

第一节　数字图像发展理论

一、数字图像处理的发展概况

20 世纪 50 年代，人们开始利用计算机来处理图形和图像信息。数字图像处理作为一门学科大约形成于 20 世纪 60 年代初期。早期图像处理的目的是提高图像的质量，改善图像的视觉效果，输入的是质量较低的图像，输出的是改善质量后的图像，常用的方法有图像增强、复原、编码、压缩等。首次获得实际成功应用的是 1964 年美国宇航局喷气推进实验室（JPL）对航天探测器"徘徊者 7 号"发回的几千张月球照片使用了图像处理技术，如几何校正、灰度变换、去除噪声等，并考虑了太阳位置和月球环境的影响，由计算机成功地绘制出月球表面地图。随后又对探测飞船发回的近十万张照片进行了更为复杂的图像处理，获得了月球的地形图、彩色图以及全景镶嵌图，为人类登月奠定了坚实的基础，也推动了数字图像处理这门学科的发展。

20 世纪 60 年代到 70 年代，由于离散数学的创立和完善，使数字图像处理技术得到迅猛发展，理论和方法进一步完善，应用范围更加广阔。这一时期，数字图像处理取得的另一个巨大成绩是在医学上获得的成果。

1972 年，英国 EMI 公司工程师 Housfield 发明了用于头颅诊断的 X 射线计算机断层摄影装置（Computer Tomography，CT），它根据人头部截面的 X 射线投影，经计算机处理来重建截面图像。1975 年，EMI 公司又成功研制出全身用的 CT 装置，获得了人体各个部位鲜明清晰的断层图像，1979 年这项无损伤诊断技术获得了诺贝尔医学奖。

与此同时，图像处理技术在许多应用领域受到广泛重视并取得了重大的开拓性成就，例如，航空航天、生物医学工程、工业检测、机器人视觉、公安司法、武器制导、文化艺术等，使图像处理成为一门引人注目、前景广阔的新兴学科。

从 20 世纪 70 年代中期开始，随着计算机技术和人工智能、思维科学研究的迅速发展，数字图像处理向更高、更深层次发展。人们已经开始研究如何用计算机系统解释图像，实现类似人类视觉系统的功能来理解外部世界，被称为图像理解或计算机视觉。其中代表性的成果是 20 世纪 70 年代末 Marr 提出的视觉计算理论，该理论成为计算机视觉领域其后十多年的主导思想。

图像的计算机处理和理解虽然在理论方法研究上已取得不小的进展，但因人类本身对自己视觉过程的了解还不完全，因此仍然是一个有待进一步探索的新领域。

二、数字图像处理的研究范畴

图像是人类获取信息、表达信息和传递信息的重要手段。因此，数字图像处理技术已经成为信息科学、计算机科学、工程科学、地球科学等诸多领域的学者研究图像的有效工具。

（一）图像处理

所谓数字图像处理，就是利用计算机对数字图像进行的一系列操作，从而获得某种预期结果的技术。数字图像处理离不开计算机，因此又称为计算机图像处理。

数字图像处理的内容相当丰富,包括狭义的图像处理、图像分析(识别)与图像理解。狭义的图像处理着重强调在图像之间进行的变换,如图 2-1 所示,它是一个图像处理的过程,属于底层的操作。它主要在像素级进行处理,处理的数据量非常大。虽然人们常用图像处理泛指各种图像技术,但狭义图像处理主要指对图像进行各种加工,以改善图像的视觉效果,并为自动识别打基础,或对图像进行压缩编码,以减少所需存储空间或传输时间。它以人为最终的信息接收者,主要目的是改善图像的质量。其主要研究内容包括图像变换、压缩编码、增强和复原、分割等。

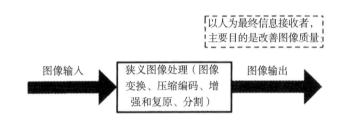

图 2-1 狭义的图像处理

1. 图像变换

由于图像阵列很大,直接在空间域中进行处理涉及的计算量很大。因此,往往采用各种图像变换方法,如傅立叶变换、离散余弦变换、哈达玛变换、小波变换等间接处理技术,将空间域的处理转化为变换域的处理,不仅可以减少计算量,而且可获得更有效的处理效果。

2. 图像的压缩编码

图像压缩编码技术可减少用于描述图像的数据量(即比特数),以便节省图像传输和处理的时间,并减少存储容量。压缩可以在不失真的前提下获得,也可以在允许的失真条件下进行。编码是压缩技术中最重要的方法,它在图像处理技术中是发展最早且比较成熟的技术。

3. 图像的增强和复原

图像增强和复原技术的目的是提高图像的质量，如去除噪声、提高清晰度等。其中图像增强不考虑图像降质的原因，目的是突出图像中所感兴趣的部分。如果强化图像的高频分量，可使图像中物体的轮廓清晰、细节明显；强调低频分量则可减少图像中噪声的影响。图像复原要求对图像降质（或退化）的原因有一定的了解，建立降质模型，再采用某种方法，如去除噪声、干扰和模糊等，恢复或重建原来的图像。

4. 图像分割

图像分割是将图像中有意义的特征（包括图像中物体的边缘、区域等）提取出来，是进一步进行图像识别、分析和理解的基础。虽然目前已研究出不少边缘提取、区域分割的方法，但还没有一种普遍适用于各种图像的有效方法。因此，对图像分割的研究还在不断深入之中，是目前图像处理研究的热点之一。

（二）图像分析

图像分析是对图像中感兴趣的目标进行检测和测量，从而建立对图像的描述。它以机器为对象，目的是使机器或计算机能自动识别目标。

图像分析是一个从图像到数值或符号的过程，主要研究用自动或半自动装置和系统，从图像中提取有用的测度、数据或信息，生成非图像的描述或者表示。它不仅给景物中的各个区域进行分类，还要对千变万化和难以预测的复杂景物加以描述。因此，常依靠某种知识来说明景物中物体与物体、物体与背景之间的关系。目前，人工智能技术正在被越来越普遍地应用于图像分析系统中，进行各层次控制和有效地访问知识库。

如图 2-2 所示，图像分析的内容包括特征提取、符号描述、目标检测、景物匹配和识别等。它是一个从图像到数据的过程，数据可以是对目标特征测量的结果，或是基于测量的符号表示，它们描述了图像中目标的特点和性质，因此图像分析可以看作是中层处理。

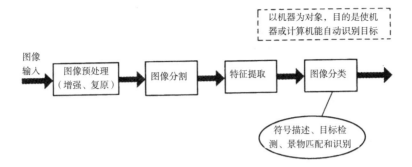

图 2-2　图像分析流程图

（三）图像理解

利用计算机系统解释图像，实现类似人类视觉系统的功能来理解外部世界，被称为图像理解或计算机视觉，有时也叫作景物理解。正确的理解要有知识的引导，因此图像理解与人工智能等学科有密切联系。

图像理解是由模式识别发展起来的，输入的是图像，输出的是一种描述，如图 2-3 所示。这种描述不仅仅是单纯地用符号做出详细的描述，而且要利用客观世界的知识使计算机进行联想、思考及推论，从而理解图像所表现的内容。

图 2-3　图像理解流程图

图像理解的重点是在图像分析的基础上，进一步研究图像中各目标的性质和它们之间的相互联系，并得出对图像内容含义的理解以及对原来客观场景的解释，从而指导和规划行动。如果说图像分析主要是以观察者为中心研究客观世界，那么图像理解在一定程度上则是以客观世界为中心，并借助知识、经验来把握和解释整个客观世界。因此，图像理解是高层操作，其处理过程和方法与人类的思维推理有许多类似之处。

三、数字图像处理的基本特点

数字图像处理具有如下的特点：

（1）处理的信息量很大。如一幅 256×256 像素的低分辨率黑白（二值）图像，需要约 64 Kb 的数据量；对高分辨率彩色 512×512 像素的图像，则需要 768 Kb 数据量；如果要处理 30 帧／秒的电视图像序列，则每秒需要 500 Kb ~ 22.5 Mb 数据量。因此对计算机的计算速度、存储容量等要求较高。

（2）占用的频带较宽。与语言信息相比，图像占用的频带要大几个数量级。如电视图像的带宽约 5.6 MHz，而语音带宽仅为 4 kHz 左右。所以在成像、传输、存储、处理、显示等各个环节的实现上，技术难度较大，成本也高，这就对频带压缩技术提出了更高的要求。

（3）数字图像中各个像素是不独立的，相关性较大。在图像画面上，常有多个像素有相同或接近的灰度或颜色。就电视画面而言，同一行中相邻两个像素或相邻两行间的像素，其相关系数可达 0.9 以上，而相邻两帧之间的相关性比帧内相关性一般来说还要更大些。因此，图像处理中信息压缩的潜力很大。

（4）理解三维景物时需要知识导引。由于图像是三维景物的二维投影，一幅图像本身不具备复现三维景物的全部几何信息的能力，很显然三维景物背后的部分信息在二维图像画面上是反映不出来的。因此，要分析和理解三维景物必须做适当的假设或附加新的测量，例如双目图像或多视点图像，这也是人工智能正在致力解决的问题。

（5）图像处理的结果一般是由人来观察和评价的。对图像处理结果的评价受人的主观因素影响较大。由于人的视觉系统很复杂，受环境条件、视觉性能、人的情绪爱好以及知识状况影响很大，对图像质量的评价还有待进一步深入研究。另外，计算机视觉是模仿人的视觉，因而人的感知机理必然影响着计算机视觉的研究。例如，什么是感知的初始基元、基元是如何组成的、局部与全局感知的关系、优先敏感的结构、属性和时间特征等，这些都是心理学和神经心理学正在着力研究的课题。

四、数字图像处理与相关学科的关系

综上所述，数字图像处理技术包括三种基本范畴，如图 2-4 所示。低级处理：图像获取、预处理，不需要智能分析；中级处理：图像分割、表示与描述，需要智能分析；高级处理：图像识别、解释，但缺少理论支持，为降低难度，常设计得更专用。

数字图像处理是一门系统研究各种图像理论、技术和应用的新的交叉学科。从研究方法来看，它与数学、物理学、生理学、心理学、计算机科学等许多学科相关；从研究范围来看，它与模式识别、计算机视觉、计算机图形学等多个专业又互相交叉。

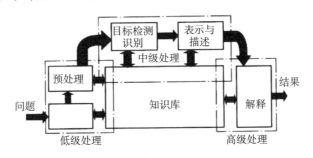

图 2-4　数字图像处理系统的组成

图 2-5 给出了数字图像处理与相关学科和研究领域的关系，可以看出数字图像处理的三个层次的输入输出内容，以及它们与计算机图形学、模式识别、计算机视觉等相关领域的关系。计算机图形学研究的是在计算机中表示图形以及利用计算机进行图形的计算、处理和显示的相关原理与算法，是从非图像形式的数据描述生成图像，与图像分析相比，两者的处理对象和输出结果正好相反。另外，模式识别与图像分析则比较相似，只是前者把图像分解成符号等抽象的描述方式，二者有相同的输入，而不同的输出

结果可以比较方便地进行转换。计算机视觉则主要强调用计算机实现人的视觉功能，这实际上用到了数字图像处理三个层次的许多技术，但目前研究的内容主要与图像理解相结合。

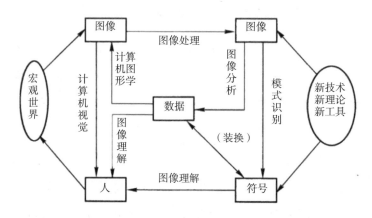

图 2-5 数字图像处理与相关学科和研究领域的关系

以上各学科都得到了包括人工智能、神经网络、遗传算法、模糊逻辑等新理论、新工具和新技术的支持，因此它们在近几年得到了长足进展。另外，数字图像处理的研究进展与人工智能、神经网络、遗传算法、模糊逻辑等理论和技术都有密切的联系，它的发展应用与医学、遥感、通信、文档处理和工业自动化等许多领域也是不可分割的。

五、数字图像处理的应用

图像是人类获取和交换信息的主要来源，因此，图像处理的应用领域必然涉及人类生活和工作的方方面面。随着人类活动范围的不断扩大，图像处理的应用领域也将随之不断扩大。数字图像处理的主要应用于以下几个领域。

（一）航天和航空技术

数字图像处理技术在航天和航空技术方面的应用，除了上面提到的美国宇航局对月球和火星照片的处理之外，还有在飞机遥感和卫星遥感技术中的应用。此外，在利用陆地卫星所获取的图像进行资源调查（如森林调查、海洋泥沙、渔业和水资源调查等）、灾害检测（如病虫害、水火灾害、环境污染等）、资源勘察（如石油勘查、矿产量探测、大型工程地理位置勘探分析等）、农业规划（如土壤营养、水分和农作物的生长、产量的估算等）、城市规划（如地质结构、水源及环境分析）、气象预报和对太空其他星球的研究等方面，数字图像处理技术也发挥了相当大的作用。

（二）生物医学工程

数字图像处理技术在生物医学工程方面的应用十分广泛，除了上面介绍的 CT 成像技术之外，还有对医学显微图像的处理分析，如红细胞、白细胞分类、染色体分析、癌细胞识别等。此外，在 X 射线图像、超声波图像、心电图分析、立体定向放射治疗、磁共振成像、光学相干断层扫描成像、红外热成像等医学诊断方面都地应用了数字图像处理技术。

（三）通信工程

当前通信技术的主要发展方向是声音、文字、图像和数据结合的多媒体通信，也就是将电话、电视和计算机以三网合一的方式在数字通信网上进行传输。其中以图像通信最为复杂和困难，因为图像的数据量巨大，如传送彩色电视信号的速率达 100 Mb/s 以上。要将这样数据实时传送出去，必须采用编码技术来压缩信息的比特量。因此，从一定意义上讲，编码压缩是这些技术成败的关键。

（四）工业和工程

在工业和工程领域中图像处理技术有着广泛的应用，如自动装配线中检测零件的质量并对零件进行分类、印制电路板的瑕疵检查、弹性力学照片的应力分析、流体力学图片的阻力和升力分析、邮政信件的自动分拣、在有毒或放射性环境内识别工件及物体的形状和排列状态、先进设计和制造技术中采用的工业视觉等。

（五）军事和公安

在军事方面，图像处理和识别主要用于导弹的精确制导、各种侦察照片的判读、具有图像传输、存储和显示的军事自动化指挥系统，以及飞机、坦克和军舰模拟训练系统等；在公共安全方面，刑事图像的判读分析、指纹识别、人脸鉴别、不完整图片的复原，以及交通监控或事故分析等，都需利用图像处理技术。目前已投入运行的高速公路不停车自动收费系统中的车辆和车牌照的自动识别就是图像处理技术成功应用的例子。

（六）文化艺术

目前文化艺术方面包括电视或电影画面的数字编辑和处理、动画的制作、电子游戏的设计、纺织工艺品设计、服装设计与制作、发型设计、文物资料照片的复制和修复、运动员动作分析和评分等。

第二节　数字图像的模式识别

模式识别是人类的一项基本智能，在日常生活中，人们经常进行"模式识别"。随着20世纪40年代计算机的出现以及50年代人工智能的兴起，人们当然也希望能用计算机来代替或扩展人类的部分脑力劳动。（计算机）模式识别在20世纪60年代初迅速发展并成为一门新学科。

一、模式和模式识别的概念

广义地说，模式就是存在于时间和空间中，可以区别它们是否相同或相似的可观察的事物。狭义地说，模式所指的不是事物本身，是通过对具体的个别事物进行观测所得到的具有时间和空间分布的信息。把模式所属的类别或同一类中模式的总体称为模式类（或简称为类）。"模式识别"则是在某些一定量度或观测基础上把待识别模式划分到各自的模式类中去。

模式可分成抽象的和具体的两种形式。前者如意识、思想、议论等，属于概念识别研究的范畴，是人工智能的另一研究分支。我们所指的模式识别主要是对语音波形、地震波、心电图、脑电图、图片、文字、符号、三维物体和景物以及各种可以用物理、化学、生物传感器对对象进行测量的具体模式进行分类和辨识。

模式识别是指对表征事物或现象的各种形式的（数值的、文字的和逻辑关系的）信息进行处理和分析，以对事物或现象进行描述、辨认、分类和解释的过程，是信息科学和人工智能的重要组成部分。换一种方式来说，就是通过对对象进行特征抽取，再按事先由学习样本建立的有代表性的识别字典，把抽取出的特征向量分别与字典中的标准向量进行匹配，根据不同的距离来完成对象的分类。

二、研究内容

模式识别的研究主要集中在两个方面，即研究生物体（包括人）是如何感知对象的，以及在给定的任务下，如何用计算机实现模式识别的理论和方法。前者是生理学家、心理学家、生物学家、神经生理学家的研究内容，属于认知科学的范畴；后者通过数学家、信息学专家和计算机科学工作者近几十年来的努力，已经取得了系统的研究成果。

三、系统组成

如图 2-6 所示，一个计算机模式识别系统基本上是由三部分组成的：信息获取、数据预处理、特征提取和分类器设计或分类决策。针对不同的应用目的，这三部分的内容可以有很大的差别。特别是在数据预处理和识别部分，为了提高识别结果的可靠性往往需要加入知识库（规则），以对可能产生的错误进行修正，或通过引入限制条件大大缩小待识别模式在模型库中的搜索空间，以减少匹配计算量。在某些具体应用中，如机器视觉，除了要给出被识别对象外，还要求给出该对象所处的位置和姿态以引导机器人的工作。

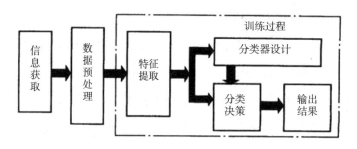

图 2-6　模式识别系统的基本组成

（一）信息获取（数据采集）

任何一种模式识别方法首先都要通过各种传感器把被研究对象的各种物理变量转换为计算机可以接收的数值或符号（串）集合。习惯上，称这种数值或符号（串）所组成的空间为模式空间。通过测量、采样和量化，可以用矩阵或者向量来表示待识别对象的信息，这就是信息获取的过程。

（二）数据预处理

预处理的目的就是去除噪声，加强有用的信息，排除不相干的信号，并对输入测量仪器或其他因素所造成的退化现象进行复原。进行与对象的性质和采用的识别方法密切相关的特征的计算（如表征物体的形状、周长、面积等）以及必要的变换（如为得到信号功率谱所进行的快速傅立叶变换）等。

对于数字图像来说，预处理就是应用图像复原、增强和变换等技术对图像进行处理，提高图像的视觉效果，优化各种统计指标，为特征提取提供高质量的图像。

（三）特征提取和分类决策

由于待识别对象的数据量可能是相当大的，为了有效地实现分类识别，就要对原始数据进行某种变换，得到最能反映分类本质的特征，形成模式的特征空间。以后的模式分类或模型匹配就在特征空间的基础上进行。

分类决策就是利用特征空间中获得的信息，对计算机进行训练，从而制定判别标准，用某种方法把待识别对象归为某一类别的过程，如通过系统的输出或者对象所属的类型以及模型数据库中与对象最相似的模型编号进行归类。

四、主要方法

模式识别的方法主要包括统计模式识别、句法（结构）模式识别、人工神经网络模式识别和模糊模式识别四种方法。

（一）统计模式识别

统计模式识别是对模式的统计分类方法，即结合统计概率论的贝叶斯决策系统进行模式识别的技术，又称为决策理论识别方法。这是最经典的分类识别方法，在图像模式识别中有着非常广泛的应用。统计模式识别是受数学中的决策理论的启发而产生的，一般假定被识别的对象或特征向量是符合一定分布规律的随机变量。其基本思想是将特征提取阶段得到的特征向量定义在一个特征空间中，这个空间包含了所有的特征向量，不同的特征向量或者不同类别的对象都对应于空间中的一点。在分类阶段，利用统计决策的原理对特征空间进行划分，从而达到识别不同特征的对象的目的。统计模式识别的主要方法有判别函数法、K 近邻分类法、非线性映射法、特征分析法以及主成分分析法等。其应用的统计决策分类理论相对比较成熟，研究的重点是特征提取。

（二）句法（结构）模式识别

句法（结构）模式识别着眼于对待识别对象结构特征的描述，利用主模式与子模式分层结构的树状信息完成模式识别工作。将一个识别对象看成一个语言结构，例如一个句子是由单词和标点符号按照一定的语法规则生成的，同样，一幅图像是由点、线、面等基本元素按照一定的规则构成的。

（三）人工神经网络模式识别

人工神经网络的研究起源于对生物神经系统的研究，它将若干个处理单元（即神经元）通过一定的互连模型连接成一个网络，这个网络通过一定的机制（如误差后向传播）可以模仿人的神经系统的动作过程，以达到识别分类的目的。人工神经网络区别于其他识别方法的最大特点是它对识别的对象不要求有太多的分析与了解，具有一定的智能化处理的特点。

（四）模糊模式识别

模糊模式识别是对传统模式识别方法即统计方法和句法方法的补充，能对模糊事物进行识别和判断，其理论基础是模糊数学。它根据人辨识事物的思维逻辑，吸取人脑的识别特点，将计算机中常用的二值逻辑转向连续逻辑。模糊识别的结果是用被识别对象隶属于某一类别的程度，即隶属度来表示的，可简化识别系统的结构，更广泛、更深入地模拟人脑的思维过程，从而对客观事物进行更为有效地分类与识别。

五、应用现状

模式识别是人工智能经常遇到的问题之一，其主要的应用领域包括手写字符识别、自然语言理解、语音信号识别、生物测量以及图像识别等。目前，模式识别已经在天气预报、卫星航空图片解释、工业产品检测、字符识别、语音识别、指纹识别、医学图像分析等方面得到了成功的应用。所有这些应用都和具体问题的性质密不可分，至今还没有形成统一的、有效的、可用于解决所有模式识别问题的理论和技术。

第三节　数字图像识别

图像识别研究的目的是赋予机器类似生物的某种信息处理能力，对图像中的物体进行分类，或者找出图像中有哪些物体，有些情况下还要描绘图像中目标的形态等。图像识别属于模式识别的范畴，其主要内容是图像经过某些预处理（如增强、复原、变换或者压缩）后，进行图像分割和特征提取，进而对特征向量进行判断与分类。从图像处理的角度来讲，图像识别又属于图像分析的范畴，它得到的结果是一幅由明确意义的数值或符号构成的图像或图形文件，而不再是一幅具有随机分布性质的图像。

图像识别技术是图像处理中的高难技术，是一门集数学、电子、物理、计算机软硬件及相关应用学科（如航空航天、医学、工业等）等多学科、多门类的综合科学技术。因其具有较高的人工智能（专家知识）成分以及计算机特有的优势，可以快速、准确地捕获目标，进行自动分析处理，并得到有用的图像信息，因此实用价值非常高。

一、系统的基本构成

如图 2-7 所示，一个完整的数字图像识别系统通常包括四个组成部分。①规范：估计信息模型，压制噪声，即图像预处理；②标记和分组：判定每个像素属于哪一个空间对象或把属于同一对象的像素分组，即图像分割；③抽取：为每组像素计算特征，即图像特征提取；④匹配：解释图像对象，即判断匹配。

图 2-7　数字图像识别系统的组成

图像分割首先将图像划分为多个有意义的区域，然后对每个区域的子图像进行特征提取，最后根据提取的图像特征，利用分类器对图像中的目标进行相应的分类。实际上，图像识别和图像分割并不存在严格的界限。从某种意义上讲，图像分割的过程就是图像识别的过程。图像分割着重于对象和背景的关系，研究的是对象在特定背景下所表现出来的整体属性，而图像识别则着重于对象本身的属性。

但是，并非所有的数字图像识别问题都是按照上述步骤进行的，根据具体图像的特征，有时可采用简单的方法实现对目标对象的识别。例如，图 2-8(a) 所示的图像是著名的华盛顿纪念碑，怎样自动检测出纪念碑在水平方向上的位置呢？仔细观察不难发现，纪念碑区域内像素的灰度值相差不大，而且与背景区域相差很大，因此可通过选取合适的阈值做削波处理，将该图像二值化，这里选 175 ~ 220(灰度值)，结果如图 2-8(b) 所示。由于纪念碑所在的那几列中，白色像素比其他列多很多，如果把该图向垂直方向做投影，如图 2-8(c) 所示，其中黑色线条的高度代表了该列上白色像素的个数。图中间的高峰部分就是我们要找的水平方向上纪念碑所在的位置，这就是投影法。为了得到更好的效果，投影法经常和阈值化一起使用。由于噪声点对投影有一定的影响，所以处理前最好先对原始图像进行平滑处理，去除噪声。

  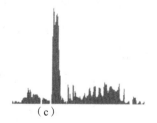

（a） （b） （c）

图 2-8　投影法图像识别实例

（a）华盛顿纪念碑图像；（b）将图（a）二值化的结果；（c）将图（b）做垂直投影

如果可以得到原始图像中除目标之外的背景图像，那么就可将原始图像和背景图像相减，得到的差作为结果图像，实现对图像中感兴趣目标的识别，即所谓的差影法。差影法就是图像的相减运算，又称为减影技术，是把同一景物在不同时间拍摄的图像或者同一景物在不同波段的图像相减，利用差影图像提供的图像之间的差异信息以达到动态监测、运动目标检测和识别等目的。例如，图 2-9(a) 是前景图（猫）加背景图（星球），图 2-9(b) 是背景图，图 2-9(b) 减去图 2-9(a) 的结果如图 2-9(c) 所示，这样就得到了前景。再如，在银行金库的监控系统中，摄像头每隔一小段时间拍摄一帧图像，与上一帧图像做差影。如果差别超过了预先设置的阈值，说明金库中有人，这时就会自动警报。此外，数字电影特技中的"蓝幕"技术也包含了差影法的原理。

（a）　　　　　　　　　（b）　　　　　　　　　（c）

图 2-9　差影法图像识别实例

（a）原始图像（前景＋背景）；（b）背景图像；（c）图 a 和图 b 相减的结果

二、研究现状

图像的识别与分割是图像处理领域中研究最多的课题之一，但由于已经取得的成果远没有待解决的问题多，因而依然是图像处理领域研究的重点和热点。

图像识别的发展经历了三个阶段：文字识别，数字图像处理与识别，物体识别。文字识别的研究是从 1950 年开始的，一般是识别字母、数字和符号，从印刷文字识别到手写文字识别，应用非常广泛，并且已经研制了许多专用设备。数字图像处理与识别的研究开始于 1965 年，数字图像与模拟图像相比，具有存储、传输方便、可压缩、传输过程中不易失真、处理方便等诸多优势，这些都为图像识别技术的发展提供了强大的动力。物体识别主要指对三维世界的客体及环境的感知和认识，属于高级的计算机视觉范畴。它以数字图像处理与识别为基础，结合人工智能和系统学等学科的研究方向，其研究成果被广泛应用在各种工业及探测机器人。现代图像识别技术的主要不足就是自适应性能差，一旦目标图像被较强的噪声污染或是目标图像有较大残缺，往往就不能得出理想的结果。

图像分割是图像处理和自动识别中的一项关键技术，自 20 世纪 70 年代起，其研究已经有几十年的历史，一直都受到人们的高度重视，至今借助于各种理论提出了数以千计的分割算法，而且这方面的研究仍然在积极地进行着。现有的图像分割方法包括阈值分割法、边缘检测法、区域提取法、结合特定理论工具的分割方法等。从图像的类型来分，有灰度图像分割、彩色图像分割和纹理图像分割等。在近二十年间，随着基于直方图和小波变换的图像分割方法的研究以及超大规模集成电路（very large scale integration，VLSI）技术的迅速发展，图像分割的研究取得了很大进展，并结合了一些特定理论、方法和工具，如基于数学形态学的图像分割、基于小波变换的分割、基于遗传算法的分割等。

三、应用现状

图像识别的应用领域已从传统的遥感图像、医学图像处理、机器人视觉控制，发展到视觉监测、人机交互、基于内容的视频和图像信息检索、虚拟现实等。其中医学图像自动识别具有广泛的发展前景和重大意义，尤其在图像诊断检测过程中已有许多程序应用了计算机智能图像识别处理系统，如红血球自动分类计数、癌细胞自动识别系统等。

人类的视觉系统是非常发达的，它包含了双眼和大脑，可以从很复杂的景物中区分并识别每个物体。例如，图 2-10 中少了很多线条，但人眼还是很容易看出来是英文单词"THE"，但让计算机识别就很困难了。图 2-11 中尽管没有任何线条，但人眼还是可以很容易地看出中间存在一个白色矩形，而计算机却很难发现。由于人类在观察图像时使用了大量的知识，所以没有任何一台计算机在分割和检测图像时，能达到人类视觉系统的水平。正因为如此，图像的自动识别实际上是一项非常困难的工作，对于大部分图像应用来说，自动分割、检测与识别技术还不成熟。目前只有少数几个领域（如印刷体识别 OCR、指纹识别、人脸识别等）达到了实用的水平。

图 2-10　英文单词"THE"

图 2-11　白色矩形

第三章　数字图像预处理技术

数字图像预处理是图像分析、识别和理解的基础，其效果直接影响后续步骤的精度。本章将分别介绍图像增强、图像复原和图像变换的相关方法和技术。

第一节　数字图像预处理技术的基本概念

一、邻域、邻接、区域和连通的概念

对于任意像素 $((i, j)$，(s, t) 是一对适当的整数，则把像素的集合 $\{(i+s, j+t)\}$ 称作像素 (i, j) 的邻域（Neighborhood），也就是像素 (i, j) 附近的像素形成的区域。通常邻域是远比图像尺寸小的一个规则形状，例如正方形（2×2、3×3、4×4）或用来近似表示圆及椭圆等形状的多边形。最经常采用的是 4 邻域和 8 邻域，如图 3-1(a) 所示，与某个像素相邻的上、下、左、右四个像素（a_0、a_1、a_2 和 a_3）组成其 4 邻域。如图 3-1(b) 所示，某个像素的 3×3 邻域称为其 8 邻域，包括其自身和与其相邻的八个像素（a_0、a_1、a_2、a_3、a_4、a_5、a_6 和 a_7）。互为 4 邻域的两个像素叫 4 邻接，互为 8 邻域的两个像素叫 8 邻接，如图 3-2 所示。

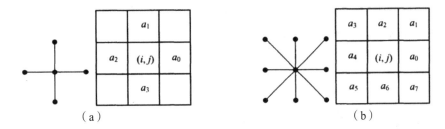

图 3-1　邻域示意图

（a）4 邻域；（b）8 邻域

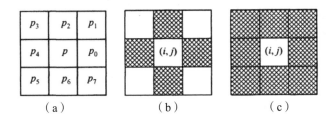

图 3-2　邻接像素

（a）像素的编号；（b）4 邻接；（c）8 邻接

区域（Region）是图像中相邻的、具有类似性质的点组成的集合。区域是像素的连通（Connectedness）集，在连通集的任意两个像素之间，存在一条完全由这个集合中的元素构成的路径。同一区域中的任意两个像素之间至少存在一条连通路径。连通性有两种度量准则，如果只依据 4 邻域确定连通，就称为 4 连通，物体也被称为是 4 连通的。如果依据 8 邻域确定连通，就称为 8 连通。在同一类问题的处理中，应当采用一致的准则。通常采用 8 连通的结果误差较小，与人的视觉感觉更接近。

二、邻域（模板）运算

邻域运算（Neighborhood Operation）或模板（Filtermask 或 Template）运算是指输出图像中每个像素的灰度值是由对应的输入像素及其一个邻域内的像素灰度值共同决定的图像运算。信号与系统分析中的相关和卷积运算，在数字图像处理中都表现为邻域运算。邻域运算与点运算是最基本、最重要的图像处理工具。

设图像 $f(x, y)$ 的大小为 $N \times N$（宽度 × 高度）像素，模板 $T(i, j)$ 的大小为 $m \times m$ 像素（m 为奇数），使模板中心 $T((m-1)/2, (m-1)/2)$ 与当前像素 (x, y) 对应，则相关运算定义为

$$g(x,y) = T \cdot f(x,y) = \sum_{i=0}^{m-1} \sum_{j=0}^{m-1} T(i,j) f\left(x+i-\frac{m-1}{2}, y+j-\frac{m-1}{2}\right)$$

式中，$g(x, y)$ 是经模板运算后得到的图像。例如，当 $m=3$ 时，

$$g(x,y) = T(0,0)f(x=1,y=1) + T(0,1)f(x-1,y) + T(0,2)f(x-1,y+1)$$
$$+ T(1,0)f(x,y-1) + T(1,1)f(x,y) + T(1,2)f(x,y+1)$$
$$+ T(2,0)f(x+1,y) + T(2,1)f(x+1,y) + T(2,2)f(x+1,y+1)$$

卷积运算定义为

$$g(x,y) = T * f(x,y) = \sum_{i=0}^{m-1} \sum_{j=0}^{m-1} T(i,j) f\left(x-i+\frac{m-1}{2}, y-j+\frac{m-1}{2}\right)$$

当 $m=3$ 时，

$$g(x,y) = T(0,0)f(x+1,y+1) + T(0,1)f(x+1,y) + T(0,2)f(x+1,y-1)$$
$$+ T(1,0)f(x,y+1) + T(1,1)f(x,y) + T(1,2)f(x,y-1)$$
$$+ T(2,0)f(x-1,y+1) + T(2,1)f(x-1,y) + T(2,2)f(x-1,y-1)$$

可见，相关运算是将模板作为权重矩阵对当前像素的灰度值进行加权平均，而卷积与相关不同的只是需要将模板沿次对角线翻转后再加权平均。如果模板是对称的，那么相关与卷积运算结果完全相同。实际上，常用的模板如平滑模板、边缘检测模板等都是对称的，因而这种邻域运算实际上就是卷积运算，从信号与系统分析的角度来说就是滤波，平滑处理即为低通滤波，锐化处理即为高通滤波。

例如，3×3 的模板

$$\frac{1}{9}\begin{pmatrix} 1 & 1 & 1 \\ 1 & 1\bullet & 1 \\ 1 & 1 & 1 \end{pmatrix}$$

式中，中间的黑点表示中心元素，即用哪个元素作为处理后的元素。该模板表示将原图中的每一像素的灰度值和它周围 8 个像素的灰度值相加，然后除以 9，作为新图中对应像素的灰度值。模板

$$\begin{pmatrix} 2\bullet \\ 1 \end{pmatrix}$$

表示将当前像素灰度值的 2 倍加上其右边像素的灰度值作为新值，而模板

$$\begin{pmatrix} 2\bullet \\ 1 \end{pmatrix}$$

表示将当前像素的灰度值加上其左边像素灰度值的 2 倍作为新值。

如图 3-3 所示，对一幅图像进行模板操作的步骤如下：

（1）用模板遍历整幅图像，并将模板中心与当前像素重合。

（2）将模板系数与模板下对应像素相乘。

（3）将所有乘积相加。

（4）将上述求和结果赋予模板中心的对应像素。

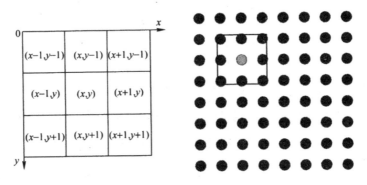

图 3-3　模板操作示意图

通常，模板不允许移出图像边界，所以结果图像会比原图小，例如模板是

$$\begin{pmatrix} 1\cdot & 0 \\ 0 & 1 \end{pmatrix}$$

原图是

$$\begin{pmatrix} 1 & 1 & 1 & 1 & 1 \\ 2 & 2 & 2 & 2 & 2 \\ 3 & 3 & 3 & 3 & 3 \\ 4 & 4 & 4 & 4 & 4 \\ 5 & 5 & 5 & 5 & 5 \end{pmatrix}$$

经过模板操作后的图像为

$$\begin{pmatrix} 3 & 3 & 3 & 3 & x \\ 5 & 5 & 5 & 5 & x \\ 7 & 7 & 7 & 7 & x \\ x & x & x & x & x \end{pmatrix}$$

式中，数字代表灰度；x 表示边界上无法进行模板操作的像素，通常的做法是直接复制原图的灰度，不进行任何处理。

可以看出，模板运算是一项非常耗时的运算。以模板

$$\frac{1}{16}\begin{pmatrix} 1 & 2 & 1 \\ 2 & 4\cdot & 2 \\ 1 & 2 & 1 \end{pmatrix}$$

为例，每个像素完成一次模板操作要用 9 次乘法、8 次加法和 1 次除法。对于一幅 $N \times N$ 像素的图像，就是 $9N^2$ 次乘法，$8N^2$ 次加法和 N^2 次除法，算法复杂度为 $O(N^2)$，对于较大尺寸的图像来说，运算量是非常可观的。所以，一般常用的模板并不大，如 3×3 或 4×4。另外，可以将二维模板运算转换成一维模板运算，可在很大程度上提高运算速度。例如，式（3-5）可以分解成一个水平模板和一个竖直模板，即

$$\frac{1}{16}\begin{pmatrix} 1 & 2 & 1 \\ 2 & 4 & \cdot & 2 \\ 1 & 2 & 1 \end{pmatrix} = \frac{1}{4}(1 \quad 2 \quad \cdot \quad 1)\frac{1}{4}\begin{pmatrix} 1 \\ 2 & \cdot \\ 1 \end{pmatrix} = \frac{1}{16}(1 \quad 2 \quad \cdot \quad 1)\begin{pmatrix} 1 \\ 2 & \cdot \\ 1 \end{pmatrix}$$

第二节　数字图像增强技术

一、图像增强的概念

图像增强（Image Enhancement）是数字图像处理的基本内容之一，也是完整的图像处理系统中重要的预处理技术。它是指按照特定的需要突出图像中的某些信息，同时削弱或去除某些不需要的信息。其主要目标是：通过对图像的处理，图像比处理前更适合一个特定的应用。这类处理并不能增加原始图像的信息，而只能增强对某种信息的辨识能力，是为了某种应用目的去改善图像质量，处理的结果更适合于人的视觉特性或机器识别系统。

图像增强可能的处理包括：去除噪点、增强边缘、提高对比度、增加亮度、改善颜色效果和细微层次等。

图像增强的方法可分为空间域和变换域的图像增强两种。在图像处理中，空间域是指由像素组成的空间。空间域的图像增强算法是直接在空间域中通过线性或非线性变换来对图像像素的灰度进行处理，从根本上说是以图像的灰度映射变换为基础的，所用的映射变换类型取决于增强的目的。变换域的图像增强方法是首先将图像以某种形式转换到其他空间（如频域或者小波域）中，然后利用该空间的特有性质对变换系数进行处理，最后通过相关的变换再转换到原来的图像空间中，从而得到增强后的图像。空间域增强方法因其处理的直接性，相对于频域增强复杂的空间变换，运算量相对要少，因此广泛应用于实际中。

空间域增强的方法主要分为点处理和邻域（模板）处理两大类。点处理是作用于单个像素的空间域处理方法，包括图像灰度变换、直方图处理、伪彩色处理等技术；而邻域处理是作用于像素邻域的处理方法，包括空域平滑和空域锐化等技术。

二、基于点操作的图像增强

基于点操作的图像增强是指在空间域内直接对图像进行点运算，修正像素灰度。下面主要介绍图像灰度变换和直方图增强。

（一）灰度变换

图像的亮度范围不足或非线性会使图像的对比度不理想。灰度变换（Gray-Scale Transformation，GST）是将原图中像素的灰度经过一个变换函数转化成一个新的灰度，以调整图像灰度的动态范围，从而增强图像的对比度，使图像更加清晰，特征更加明显。它不改变图像内的空间关系，除了灰度级的改变是根据某种特定的灰度变换函数进行之外，可以看作"从像素到像素"的复制操作。灰度变换有时又被称为图像的对比度增强或对比度拉伸。

设原图像为$f(x, y)$，处理后的图像为$g(x, y)$，则灰度变换可表示为

$$g(x,y) = T[f(x,y)]$$

式中，$T(\cdot)$是对f的操作，定义在当前像素(x, y)的邻域，它描述了输入灰度值和输出灰度值之间的转换关系。T也能对输入图像集进行操作，例如为了增强整幅图像的亮度而对图像进行逐个像素的操作。

T操作最简单的形式是针对单个像素，也就是在当前像素的1×1邻域中，g仅依赖于f在点(x, y)的值，T操作即为灰度级变换函数

$$s = T(r)$$

式中，r 和 s 分别是 $f(x,y)$ 和 $g(x,y)$ 在点 (x,y) 的灰度级。也就是说，将输入图像 $f(x,y)$ 中的灰度 r，通过映射函数映射成输出图像 $g(x,y)$ 中的灰度 s，其运算结果与被处理像素位置及其邻域灰度无关。

根据变换函数的形式，灰度变换分为线性变换和非线性变换，非线性变换包括对数变换和指数（幂次）变换。

1. 线性变换

灰度线性变换表示对输入图像灰度做线性扩张或压缩，映射函数为一个直线方程。假定原图像 $f(x,y)$ 的灰度级范围为 $[a,b]$，希望变换后的图像 $g(x,y)$ 的灰度级范围线性地扩展至 $[c,d]$。对于图像中一点 (x,y) 的灰度值 $f(x,y)$，线性变换表示式为

$$g(x,y) = \frac{d-c}{b-a}[f(x,y)-a] + c$$

此关系式可用图 3-4（a）表示。若原始图像中大部分像素的灰度级分布在区间 $[a,b]$ 内，只有很小一部分的灰度级超过了此区间，则为了改善增强效果，可以令

$$g(x,y) = \begin{cases} c, & 0 \leqslant f(x,y) < a \\ c + \dfrac{d-c}{b-a}[f(x,y)-a], & a \leqslant f(x,y) \leqslant b \\ d, & b < f(x,y) \leqslant F_{max} \end{cases}$$

式中，F_{max} 是原始图像 $f(x,y)$ 的最大灰度值。

上式表示采用斜率大于 1 的线性变换来进行扩展，而把其他区间用 a 或 b 来表示，如图 3-4（b）所示。

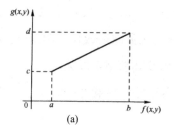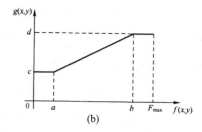

图 3-4　灰度级线性变换

（a）灰度级在 [a、b] 区间内；（b）灰度级超出 [a、b] 区间

在曝光不足或过度曝光的情况下，图像的灰度级可能会局限在一个很小的范围内，这时图像可能会表现得模糊不清或者没有灰度层次。采用线性变换对图像像素的灰度进行线性拉伸，就可以有效地改善图像的视觉效果。例如图 3-5(b) 就是对图 3-5(a) 进行线性灰度变换的结果。

（a）　　　　　　　　　　　（b）

图 3-5　图像灰度线性变换示例

（a）原始图像；（b）变换后的图像

2. 分段线性变换

分段线性变换即灰度切割，其目的是增强特定范围内的对比度，用来突出图像中特定灰度范围的亮度。它与线性变换相似，都是对输入图像的灰度对比度进行拉伸，只是对不同灰度范围进行不同的映射处理，从而突出感兴趣目标所在的灰度区间，抑制其他的灰度区间。

其基本原理是将原图像的灰度分布区间划分为若干个子区间，对每个子区间采取不同的线性变换。选择不同的参数可以实现不同灰度区间的灰度扩张和压缩，所以分段线性变换的使用是非常灵活的。通过增加灰度区间分割的段数，以及调节各个区间的分割点和变换直线的斜率，就可以对任何一个灰度区间进行扩展和压缩。

常用的灰度分段线性变换，如图 3-6 所示，其数学表达式为

$$g(x,y)=\begin{cases} \dfrac{c}{a}f(x,y)\,, & 0\leqslant f(x,y)<a \\[2ex] c+\dfrac{d-c}{b-a}[f(x,y)-a]\,, & a\leqslant f(x,y)\leqslant b \\[2ex] d+\dfrac{G_{max}-d}{F_{max}-b}[f(x,y)-b]\,, & b<f(x,y)\leqslant F_{max} \end{cases}$$

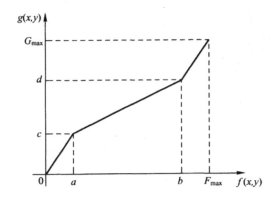

图 3-6　灰度分段线性变换

式中，F_{max} 和 G_{max} 分别是原始图像 $f(x,y)$ 和变换后图像 $g(x,y)$ 的最大灰度值。

显然对灰度区间 $[a,b]$ 进行了线性变换，而灰度区间 $[0,a]$ 和 $[b,F_{max}]$ 受到了压缩。通过调整折线拐点的位置及控制分段直线的斜率，可对任一灰度区间进行扩展或压缩。即在扩展感兴趣的 $[a,b]$ 区间的同时，为了保留其他区间的灰度层次，也对其他区间进行压缩。

3. 反转变换

灰度反转是指对图像灰度范围进行线性或非线性取反，简单来说就是使黑变白、白变黑，将原始图像的灰度值进行翻转，使输出图像的灰度随输入图像的灰度增加而减少。假设对灰度级范围是 $[0，L\text{--}1]$ 的输入图像 $f(x, y)$ 求反，则输出图像像素的灰度值 $g(x, y)$ 与输入图像像素灰度值 $f(x, y)$ 之间的关系为

$$g(x, y) = L - 1 - f(x, y)$$

反转变换适用于增强嵌于图像暗色区域的白色或灰色细节，如图 3-7 所示，特别是当黑色面积占主导地位时。

（a） （b）

图 3-7 反转变换示例

（a）原始图像；（b）变换后的图像

4. 对数变换（动态范围压缩）

在某些情况下，例如在显示图像的傅立叶谱时，其动态范围远远超过显示设备的上限，在这种情况下，所显示的图像相对于原图像就存在失真。要消除这种因动态范围太大而引起的失真，一种有效的方法是对原图像的动态范围进行压缩，最常用的方法是对数变换。

对数变换是指输出图像像素的灰度值 $g(x, y)$ 与对应的输入图像像素的灰度值 $f(x, y)$ 之间为对数关系

$$g(x, y) = c\ln(1 + f(x, y))$$

式中，c 为尺度比例常数，其取值可以结合原图像的动态范围以及显示设备

的显示能力而定。为了增加变换的动态范围，在上式中可以加入一些调制参数，即

$$g(x,y) = a + \frac{\ln(1 + f(x,y))}{b\ln}$$

式中，a、b 和 c 都是为便于调整曲线的位置和形状而引入的参数，a 为 y 轴上的截距，用以确定变换曲线的初始位置的变换关系；b 和 c 两个参数确定变换曲线的变化速率。

图像灰度的对数变换可在很大程度上压缩图像灰度值的动态范围，扩张数值较小的灰度范围，压缩数值较大的图像灰度范围，使一窄带低灰度输入图像值映射为一宽带输入值，较适用于过暗的图像，用来扩展被压缩的高值图像中的暗像素，从而使图像的灰度分布均匀，与人的视觉特性相匹配。

5. 指数（幂次）变换

指数变换函数为

$$g(x,y) = c[f(x,y)]^{\gamma}$$

式中，c 是可以调整的参数。幂次变换是通过指数函数中的 γ 值把输入的窄带值映射到宽带输出值。当 $\gamma < 1$ 时，把输入的窄带暗值映射到宽带输出亮值；当 $\gamma > 1$ 时，把输入高值映射为宽带输出值。

（二）直方图增强

1. 灰度直方图的原理

对应于每一个灰度值，统计出具有该灰度值的像素数，并据此绘出像素数—灰度值图形，则该图形称为该图像的灰度直方图，简称直方图。其横坐标是灰度值，纵坐标是具有某个灰度值的像素数，有时也用某一灰度值的像素数占全图总像素数的百分比（即某一灰度值出现的频数）作为纵坐标。图像的灰度直方图事实上就是图像亮度分布的概率密度函数，用来反映数字图像中的每一个灰度级与其出现频率之间的关系，是一幅图像所

有像素集合的最基本的统计规律。

灰度级范围为 $[0, L–1]$ 的数字图像的直方图是离散函数

$$h(r_k) = n_k$$

式中，r_k 是第 k 级灰度；n_k 是图像中灰度级为 r_k 的像素个数。常以图像中像素的总数（用 n 表示）来除它的每一个值得到归一化的直方图

$$P(r_k) = n_k / n$$

式中，$k=0, 1, \cdots, L–1$。$P(r_k)$ 是灰度值 r_k 发生的概率值，即 r_k 出现的频数，因此归一化直方图的所有值之和应等于 1。

灰度直方图具有如下性质：

（1）直方图是一幅图像中各像素灰度出现频率数的统计结果，它只反映图像中不同灰度值出现的次数，不反映某一灰度所在的位置。也就是说，它只包含该图像的某一灰度像素出现的概率，而忽略其所在的位置信息。

（2）任意一幅图像都有唯一确定的直方图与之对应。但不同的图像可能有相同的直方图，即图像与直方图之间是多对一的映射关系。

（3）由于直方图是对具有相同灰度值的像素统计得到的，因此一幅图像各子区的直方图之和等于该图像全图的直方图。

直方图是多种空间域图像处理技术的基础，直方图操作能有效地用于图像增强。除了提供有用的图像统计资料外，直方图固有的信息在其他图像处理的应用中也是非常有用的，如图像压缩与分割。

2. 直方图均衡化

直方图均衡化是一种最常用的直方图修正方法，如图 3-8（b）所示。在图像处理前期经常要采用此方法来修正图像。它是指运用灰度点运算来实现原始图像直方图的变换，得到一幅灰度直方图为均匀分布的新图像，使得图像的灰度分布趋向均匀，图像所占有的像素灰度间距拉开，加大图像的反差，改善视觉效果，达到图像增强的目的。

设原始图像 $f(x, y)$ 的灰度级范围为 $[0, L–1]$，其像素灰度值用 r 表示，

假设 r 被归一化到区间 [0，1] 中。做如下变换：$s=T(r)$，则原始图像的每一个 r 产生一个灰度值 s。可以假设变换函数 $T(r)$ 满足如下条件：① $T(r)$ 在区间 $0 \leq r \leq 1$ 中为单值且单调递减；②当 $0 \leq r \leq 1$ 时，$0 \leq T(r) \leq 1$。条件①要求 $T(r)$ 为单值是为了保证存在反变换，单调是为了保持输出图像的灰度值从黑到白顺序增加。条件②保证输出灰度级与输入灰度级有同样的范围。由 s 到 r 的反变换可以表示为 $r=T^1(s)$，其中 $0 \leq s \leq 1$。

一幅图像的灰度级可被视为区间 [0，1] 的随机变量。令 $P_r(r)$ 和 $P_s(s)$ 分别表示随机变量 r 和 s 的概率密度函数。由基本概率理论可知：如果 $P_r(r)$ 和 $T(r)$ 已知，且满足条件①，那么变换变量 s 的概率密度函数 $P_s(s)$ 可由下式得到：

$$P_s(s) = P_r(r) \frac{\mathrm{d}r}{\mathrm{d}s}$$

因此，变换变量 s 的概率密度函数由输入图像灰度级的概率密度函数和所选择的变换函数决定。

直方图均衡化的变换函数可表示为

$$s = T(r) = \int_0^r p_r(r) \,\mathrm{d}r$$

上式的右部为随机变量 r 的累积分布函数，显然该变换函数是单值且单调增加，即满足条件①。类似地，区间 [0，1] 上变量的概率密度函数的积分也在区间 [0，1] 中，因此也满足条件②。上式的离散化形式为

$$s_k = T(r_k) = \sum_{j=0}^{k} p_r(r_j) = \sum_{j=0}^{k} \frac{n_j}{n}$$

采用直方图均衡化方法进行图像增强的步骤如下：

（1）按照公式 $P(r_k)=n_k/n$ 统计原始图像的直方图。

（2）按照上式计算直方图累积分布曲线。

（3）用步骤（2）得到的累积分布函数做变换函数进行图像灰度变换：

根据计算得到的累积分布函数，建立输入图像与输出图像灰度级之间的对应关系，即通过与归一化灰度等级 r_k 比较，重新定位累计分布函数 s_k，寻找最接近的一个作为原灰度级 k 变换后的新灰度级。

3. 直方图规定化

直方图均衡化的优点是能自动增强整幅图像的对比度，得到全局均衡化的直方图。但是在某些应用中，并不一定需要增强后的图像具有均匀的直方图，而是需要具有特定形状的直方图，以便能够增强图像中的某些灰度级，突出感兴趣的灰度范围。直方图规定化（或规格化）方法就是针对这种需求提出来的，是一种使原始图像灰度直方图变成规定形状的直方图而对图像进行修正的增强方法，如图 3-8（c）所示。如使被处理图像与某一标准图像具有相同的直方图，或者使图像的直方图具有某一特定的函数形式等。

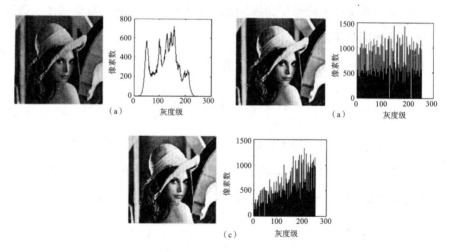

图 3-8　灰度直方图均衡化和规定化示例

（a）原始图像及其直方图；（b）直方图均衡化后的图像及其直方图；（c）直方图规定化后的图像及其直方图

直方图规定化是在运用均衡化原理的基础上，通过建立原始图像和期望图像之间的关系，选择性地控制直方图，将原始图像的直方图转化为指定的直方图，从而弥补直方图均衡化不具备交互作用的缺点，可用来校正因拍摄亮度或者传感器的变化而导致的图像差异。

直方图规定化的主要步骤如下：

令 $p_r(r)$ 和 $p_z(z)$ 分别为原始图像和期望图像的灰度概率密度函数。首先对原始图像和期望图像均做直方图均衡化处理，即

$$s_k = T(r_k) = \sum_{j=0}^{k} p_r(r_j) = \sum_{j=0}^{k} \frac{n_j}{n}, \quad k = 0, 1, \cdots, L-1$$

$$v_k = G(z_k) = \sum_{j=0}^{k} p_z(z_i), \quad k = 0, 1, \cdots, L-1$$

由于都是进行均衡化处理，因此处理后的原图像概率密度函数及理想图像概率密度函数是相等的，即 $p_r(r)$ 和 $p_z(z)$ 具有同样的均匀密度，即 $v_k = s_k$。针对上式的逆变换函数，将 s_k 代入，其结果就是要求的灰度级

$$Z_k = G^{-1}(v_k) = G^{-1}(s_k)$$

此外，利用上式还可得到组合变换函数

$$Z_k = G^{-1}[T(r_k)]$$

直方图均衡化采用的变换函数是累积分布函数，其实现方法简单，效率也较高，但只能产生近似均匀分布的直方图，其弊端也是显而易见的。直方图规定化方法可以得到具有特定需要的直方图的图像，克服了变换函数单一的缺点。

三、基于邻域操作的图像增强

（一）图像平滑

1. 图像平滑的原理

图像在获取和传输的过程中会受到各种噪声的干扰，使图像质量下降。图像平滑的目的是消除或尽量减少噪声的影响，改善图像质量。图像平滑

实际上是低通滤波，允许信号的低频成分通过，阻截属于高频成分的噪声信号。显然，在减少随机噪声影响的同时，由于图像边缘部分也处在高频部分，因此平滑过程将会导致图像有一定程度的模糊。

空域平滑处理有很多算法，其中最常见的有线性平滑、非线性平滑和自适应平滑等。

（1）线性平滑：对每一个像素的灰度值用其邻阈值来代替，邻域的大小为 $m \times m$，m 一般取奇数。相当于图像经过了一个二维低通滤波器，虽然减少了噪声，但同时也模糊了图像的边缘和细节。

（2）非线性平滑：对线性平滑的一种改进，即不对所有像素都用其邻域平均值来代替，而是取一个阈值，当像素灰度值与其邻域平均值之间的差值大于阈值时，才以均值代替；反之取其本身的灰度值。非线性平滑可消除一些孤立的噪声点，对图像的细节影响不大，但物体的边缘会产生一定的失真。

（3）自适应平滑：一种根据当前像素的具体情况以不模糊边缘轮廓为目标进行的平滑方法。根据适应目标的不同，可以有不同的自适应处理方法。

2. 邻域平均法

邻域平均法是一种局部的空域处理算法，在假定加性噪声是随机独立分布（均值为0），且与图像信号互不相关的条件下，利用邻域平均或加权平均可以有效地抑制噪声干扰。邻域平均法实际上就是进行空间域的滤波，所以这种方法也称为均值滤波。

如果取 3×3 的正方形邻域（即8邻域），那么这种平滑操作的模板，称为 Box 模板。

Box 模板虽然考虑了邻域点的作用，但并没有考虑各点位置的影响，对于所有的9个点都一视同仁，所以平滑的效果并不理想。实际上，离某点越近的点对该点的影响应该越大。为此，可引入加权系数，即加权平均

$$g(x,y)=\frac{1}{M}\sum_{i,j\in s}w(i,j)f(i,j)$$

式中，$w(i,j)$ 为权值，且 $\sum_{i,j\in s}w(i,j)=1$ 显然邻域平均法是邻域加权平均的

特例。高斯函数（即正态分布函数）常用作加权函数，二维高斯函数如下：

$$g(x,y)=\frac{1}{M}Ae^{-\frac{x^2+y^2}{2\sigma^2}}=Ae^{-\frac{r^2}{2\sigma^2}}$$

式中，σ 是高斯函数的尺度参数。当 $r=\pm\sigma$ 时，$G(r)=Ae^{-1/2}=0.6A$；$r>\sigma^3$

时，$G<0.01A$。在实际应用中，一般取高斯模板的大小为 $m=2\times 2\sigma^2+1$。

如当 $\sigma^2=1/2$ 时，即称为高斯（Gauss）模板。可以看出，距离越近的点，加

权系数越大。

图 3-9 是对加入随机噪声的雷娜（Lena）图像进行不同尺度的高斯滤波

的结果。可见虽然均值滤波器对噪声有抑制作用，但同时会使图像变得模糊，

而且尺度参数 T 越大，图像越模糊，即使是加权均值滤波，改善的效果也

是有限的。

（a）   （b）   （c）

图 3–9　高斯滤波示例

（a）加入随机噪声的原始雷娜（Lena）图像；（b）进行 σ=1 的高斯滤波结果；

（c）进行 σ=2 的高斯滤波结果

3. 空间域低通滤波法

图像中目标的边缘以及噪声干扰都属于高频成分，因此可以用低通滤

波的方法去除或减少噪声。而频率域滤波可以用空间域的卷积来实现，为此只要恰当地设计空间域低通滤波器的单位冲激响应矩阵，就可以达到滤波的效果。

中值滤波（Median Filter）就是一种典型的空间域低通滤波器，也是一种非线性平滑方法，它可在保护图像边缘的同时抑制随机噪声。其基本思想是：因为噪声（如椒盐噪声）的出现，使该像素比周围的像素亮（暗）许多，如果把某个以当前像素（x，y）为中心的模板内所有像素的灰度值按照由小到大的顺序排列，则最亮或者最暗的点一定被排在两侧，那么取模板中排在中间位置上的像素的灰度值作为处理后的图像中像素（x，y）的灰度值，就可以达到滤除噪声的目的。若模板中有偶数个像素，则取两个中间值的平均。

中值滤波的效果依赖于两个要素：邻域的空间范围和中值计算中涉及的像素数。当空间范围较大时，一般只取若干稀疏分布的像素作为中值计算。

4. 多图像平均法

多幅图像平均法是利用对同一景物的多幅图像相加取平均来消除噪声等高频成分

$$\bar{g}(x,y) = \frac{1}{M} \sum_{i=1}^{M} [f_i(x,y) + n_i(x,y)] = f(x,y) + \frac{1}{M} \sum_{i=1}^{M} n_i(x,y)$$

式中，$n_i(x,y)$ 是第 i 帧图像的噪声信号。显然经过如此操作后，信噪功率比增加 M 倍，噪声方差减小为其 $1/M$。

多图像平均法常用于视频图像的平滑，以减少摄像机光电摄像管或CCD器件所引起的噪声。这种方法在实际应用中的难点在于如何将多幅图像配准，以便使相应的像素能正确地对应排列。

5. 边界保持类平滑滤波器

如前文所述，经过平滑滤波处理之后，图像就会变得模糊。这是由于在图像上的景物之所以可以辨认清楚是因为目标物之间存在边界，而边界点与噪声点有一个共同的特点是，都具有灰度的跃变特性，也就是都属于高频分量，所以平滑滤波会同时将边界也过滤掉。为了解决这个问题，可在进行平滑处理时，首先判别当前像素是否为边界上的点，如果是，则不进行平滑处理；否则进行平滑处理。

例如，K 近邻（K-Nearest Neighbors，KNN）平滑，也称为灰度最相近的 K 个邻点平均法，其核心是确定边界点与非边界点。如图 3-10 所示，点 1 是深灰色区域内部的非边界点，点 2 是浅灰色区域的边界点。以点 1 为中心的 3×3 模板中的像素全部是同一区域的；以点 2 为中心的 3×3 模板中的像素则包括了两个区域。在模板中，分别选出 5 个与点 1 或点 2 灰度值最相近的点进行计算，则不会出现两个区域信息的混叠平均，这样就达到了边界保持的目的。

图 3-10　包含和不包含边界点的邻域

KNN 平滑算法的具体实现步骤：

（1）以待处理像素为中心取 3×3 的模板。

（2）在模板中，选择 K 个与待处理像素的灰度差为最小的像素。

（3）将这 K 个像素的灰度均值替换待处理像素的灰度值。

（二）图像锐化

锐化和平滑相反，是通过增强高频分量来减少图像中的模糊，因此又称为高通滤波。图像平滑通过积分过程使得图像边缘模糊，而图像锐化则

通过微分而使图像边缘突出、清晰。常用的锐化模板是拉普拉斯（Laplacian）
模板。

$$\begin{pmatrix} -1 & -1 & -1 \\ -1 & 9 \cdot & -1 \\ -1 & -1 & -1 \end{pmatrix}$$

它是先将当前像素的灰度值与其周围 8 个像素的灰度值相减，表示自
身与周围像素的差别，再将这个差别加上自身作为新像素的灰度值。可见，
如果一片暗区出现了一个亮点，那么锐化处理的结果是这个亮点变得更亮，
因而锐化处理在增强图像边缘的同时也增强了图像的噪声。因为图像中的
边缘就是那些灰度发生跳变的区域，即高频成分，所以锐化模板在边缘检
测中很有用。

第三节　数字图像复原技术

数字图像复原技术（Image Restoration），以下简称复原技术，是图像处
理中的一种重要技术，对于改善图像质量具有重要的意义。解决该问题的
关键是对图像的退化过程建立相应的数学模型，然后通过求解该逆问题获
得图像的复原模型并对原始图像进行合理估计。本节主要介绍图像退化的
原因、图像复原技术的分类和目前常用的几种图像复原方法，包括维纳滤波、
正则滤波、LR 算法和盲区卷积等。

一、图像的退化和复原概述

在图像的获取、传输以及保存过程中，由于各种因素，如大气的湍流
效应、摄像设备中光学系统的衍射、传感器特性的非线性、光学系统的像差、
光学成像衍射、成像系统的非线性畸变、成像设备与物体之间的相对运动、

不当的焦距、环境随机噪声、感光胶卷的非线性及胶片颗粒噪声、电视摄像扫描的非线性所引起的几何失真以及照片的扫描等，都难免会造成图像的畸变和失真，通常将由这些因素引起的质量下降称为图像退化。一些退化因素只影响一幅图像中某些点的灰度，称为点退化；另外一些退化因素则可以使一幅图像中的一个空间区域变得模糊，称为空间退化。

图像退化的典型表现是图像出现模糊、失真以及出现附加噪声等。由于图像的退化，在图像接收端显示的图像已不再是传输的原始图像，图像的视觉效果明显变差。为此，必须对退化的图像进行处理，才能恢复真实的原始图像，这一过程就称为图像复原。图像复原是利用图像退化现象的某种先验知识，建立退化现象的数学模型，再根据模型进行反向的推演运算，以恢复原来的景物图像。因而图像复原可以理解为图像降质过程的反向过程。

图像复原与图像增强等其他基本图像处理技术类似，也是以获取视觉质量某种程度的改善为目的的。所不同的是，图像复原过程是试图利用退化过程的先验知识使已退化的图像恢复本来面目，实际上是一个估计过程。根据退化的原因，分析引起退化的因素，建立相应的数学模型，并沿着使图像降质的逆过程恢复图像。从图像质量评价的角度来看，图像复原就是提高图像的可理解性。简言之，图像复原的处理过程就是对退化图像品质的提升，从而达到在视觉效果上的改善。所以，图像复原本身往往需要有一个质量标准，即衡量接近全真景物图像的程度，或者说对原图像的估计是否达到最佳的程度。而图像增强基本上是一个探索的过程，它利用人的心理状态和视觉系统去控制图像质量，直到人们的视觉系统满意为止。

由于引起图像退化的因素很多，且性质各不相同，因此目前没有统一的复原方法。早期的图像复原是利用光学的方法对失真的观测图像进行校正，而数字图像复原技术最早则是从对天文观测图像的后期处理中逐步发展起来的。其中一个成功的例子是美国 NASA 的喷气推进实验室在 1964 年用计算机处理有关月球的照片，照片是在空间飞行器上用电视摄像机拍摄的，图像的复原包括消除干扰和噪声、校正几何失真和对比度损失以及反卷积等。另一个典型例子是对突发事件现场照片的处理。由于事发突然，照片是在相机移动过程中拍摄的，图像复原的主要目的就是消除移动造成的失真。

早期的复原方法有非邻域滤波法、最近邻域滤波法、维纳滤波和最小二乘滤波等。随着数字信号处理和图像处理的发展，新的复原算法不断出现，在应用中可以根据具体情况加以选择。

二、图像退化的数学模型

图像复原要求对图像降质的原因有一定的了解，一般应根据降质过程建立降质模型，再采用某种滤波方法，恢复或重建原来的图像。决定图像复原方法有效性的关键之一是描述图像退化过程模型的精确性。要建立图像的退化模型，首先必须了解和分析图像退化的机理并用数学模型表现出来。在实际的图像处理过程中，图像均用数字离散函数表示，所以必须将退化模型离散化。

输入图像 $f(x, y)$ 经过某个退化系统后输出的是一幅退化的图像。为了讨论方便，一般把噪声引起的退化即噪声对图像的影响，作为加性噪声考虑，这也与许多实际应用情况一致，如图像数字化时的量化噪声、随机噪声等就可以作为加性噪声，即使不是加性噪声而是乘性噪声，也可以用对数方式将其转化为相加形式。如图 3-11 所示，原始图像 $f(x, y)$ 经过一个退化算子或退化系统 $h(x, y)$ 的作用，再和噪声 $n(x, y)$ 进行叠加，形成退化后的图像 $g(x, y)$

$$g(x,y) = h[f(x,y)] + n(x,y)$$

式中，$h(\cdot)$ 概括了退化系统的物理过程，就是要寻找的退化数学模型；$n(x, y)$ 是一种具有统计性质的信息，在实际应用中往往假设噪声是白噪声，即它的平均功率谱密度为常数，并且与图像不相关。数字图像的图像恢复问题，可看作是根据退化图像 $g(x,y)$ 和退化算子 $h(x,y)$ 的形式，沿着反向过程去求解原始图像 $f(x,y)$，或者说是逆向地寻找原始图像的最佳近似估计。

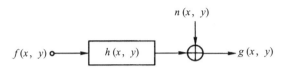

图 3-11 图像的退化模型

在图像复原处理中，尽管非线性、时变和空间变化的系统模型更具有普遍性和准确性，更与复杂的退化环境相接近，但它给实际处理工作带来了很大的困难。因此，往往用线性系统和空间不变系统模型来加以近似，这使得线性系统中的许多理论可直接用于解决图像复原问题，同时又不失可用性。

$$g(x,y)=f(x,y)*h(x,y)+n(x,y)$$
$$=\int_{-\infty}^{+\infty}\int_{-\infty}^{+\infty}f(\alpha,\beta)h(y-\alpha,y-\beta)\mathrm{d}\alpha\mathrm{d}\beta+n(x,y)$$

假设退化系统是线性和空间不变的，则连续函数的空域退化模型可表示为即图像退化的过程可以表示为清晰图像和点扩散函数（point spread function，PSF）的卷积加上噪声。上式的频域形式为

$$G(u,v)=F(u,v)H(u,v)+N(u,v)$$

式中，$G(u,v)$、$f(u,v)$ 和 $N(u,v)$ 分别是退化图像 $g(x,y)$、原图像 $f(x,y)$ 和噪声信号 $n(x,y)$ 的傅立叶变换；$h(x,y)$ 和 $H(u,v)$ 分别是退化系统的单位冲激响应和频率响应。

数字图像的恢复问题就是根据退化图像 $g(x,y)$ 和退化算子 $h(x,y)$，反向求解原始图像 $f(x,y)$，或已知 $G(x,v)$ 和 $H(u,v)$ 反求 $F(u,v)$ 的问题。

如果式中的 g、f、h 和 n 按相同间隔采样，产生相应的阵列 $[g(i,j)]_{AB}$、

$[f(i, j)]_{AB}$、$[h(i, j)]_{CD}$ 和 $[n(i, j)]_{AB}$，然后将这些阵列补零增广得到大小为 $M \times N$ 的周期阵列，为了避免混叠误差，这里 $M \geqslant A+C-1$，$N \geqslant B+D-1$。当 $k=0$，1，$\cdots$，$M-1$ 且 $l=0$，1，$\cdots$，$N-1$ 时，即可得到二维离散退化模型

$$g_e(k,l) = \sum_{i=0}^{M-1} \sum_{j=0}^{N-1} f_e(i,j) h_e(k-i,l-j) + n_e(k,l)$$

上式的矩阵表示可写为

$$g = Hf+n$$

式中，g、f 和 n 为行堆叠形成的 $MN \times 1$ 列向量，分别是退化图像、原始图像和加性噪声向量；H 为 $MN \times MN$ 的块循环矩阵，是线性空间不变系统的点扩展函数的离散形式。

实际应用中，造成图像退化或降质的原因有很多，下面列出几种常见的图像退化模型。

1. 线性移动降质

因为摄像时相机和被摄景物之间有相对运动而造成的图像模糊称为运动模糊，所得到图像中的景物往往会模糊不清，我们称其为运动模糊图像。运动造成的图像退化是非常普遍的现象，例如城市中的交通管理部门通常在重要的路口设置"电子眼"即交通监视系统，及时记录下违反交通规则的行为。摄像机摄取的画面有时是模糊不清的，这就需要运用运动模糊图像复原技术进行图像复原，来得到违章车辆可辨认的车牌图像。

因为变速的非直线运动在某些条件下可以被分解为分段匀速直线运动，因此这里只给出由匀速直线运动所致图像模糊的退化模型。假设图像 $f(x, y)$ 相对于摄像机存在平面运动，$x_0(t)$ 和 $y_0(t)$ 分别为 x 和 y 方向上的位移分量，T 是运动的时间。则模糊后的图像 $g(x, y)$ 为

$$g(x,y) = \int_0^T f[x-x_0(t), y-y_0(t)] \, \mathrm{d}t$$

运动模糊图像实际上就是同一景物的图像经过一系列的距离延迟后再

叠加形成的图像。运动模糊与时间无关，只与运动的距离有关。

水平方向的匀速线性移动可用以下降质函数来描述：

$$h(x,y) = \begin{cases} \dfrac{1}{d}, & 0 \leq x \leq d, y=0 \\ 0, & \text{其他} \end{cases}$$

式中，d 是降质函数的长度，即图像中景物移动的像素数的整数近似值；$h(x,y)$ 为点扩散函数。

沿其他方向的线性移动降质函数可仿照上式类似定义。则退化图像为

$$g(x,y) = f(x,y) * h(x,y)$$

2. 散焦降质

当镜头散焦时，光学系统造成的图像降质相应的点扩展函数是一个均匀分布的圆形光斑。此时，降质函数可表示为

$$h(m,n) = \begin{cases} \dfrac{1}{\pi R^2}, & m^2 + n^2 = R^2 \\ 0, & \text{其他} \end{cases}$$

式中，R 是散焦半径。

3. 高斯降质

高斯（Gauss）降质函数是许多光学测量系统和成像系统（如光学相机、CCD 摄像机、γ 射线成像仪、CT 成像仪、成像雷达、显微光学系统等）中最常见的降质函数。对于这些系统，决定系统点扩展函数的因素比较多，但众多因素综合的结果使点扩展函数趋近于 Gauss 型。Gauss 降质函数可以表示为

$$h(m,n) = \begin{cases} K\exp\left[-\alpha(m^2+n^2)\right], & (m,n) \in C \\ 0, & \text{其他} \end{cases}$$

式中，K 是归一化常数；α 是正常数；C 是 $h(m,n)$ 的圆形支持域。

4. 离焦模糊

由于焦距不当导致的图像模糊可以用如下函数表示：

$$H(u,v) = \frac{J_1(u,v)}{ar}$$

式中，J_1 是一阶 Bessel 函数；$r^2 = v^2 + v^2$；a 是位移。

该模式不具有空间不变性。

5. 大气扰动

在遥感和天文观测中，大气的扰动也会造成图像的模糊，它是由大气的不均匀性使穿过的光线偏离引起的。这种退化的点扩散函数为

$$H(u,v) = e^{-c(u^2+v^2)^{5/6}}$$

式中，c 是一个依赖扰动类型的变量，通常通过实验来确定。幂 5/6 有时用 1 来代替。

三、几种经典的图像复原方法

一般可采用两种方法对退化图像进行复原，一种是估计方法，即估计图像被已知的退化过程影响以前的情况，适用于对于图像确实先验知识的情况，此时可以对退化过程建立模型并进行描述，进而寻找一种去除或削弱其影响的过程。另一种是检测方法，即如果对于原始图像有足够的先验知识，则对原始图像建立一个数学模型，并据此对退化图像进行复原。例如，假设已知图像仅含有确定大小的圆形物体，则原始图像仅有很少的几个参数（如圆形物体的数目、位置、幅度等）未知。

图像复原算法有线性和非线性两类。线性算法通过对图像进行逆滤波来实现反卷积，这类方法方便快捷，无须循环或迭代，就可直接得到反卷积结果，但是无法保证图像的线性。而非线性方法是通过连续的迭代过程不断提高复原质量，直到满足预先设定的终止条件，结果往往是令人满意的。但是迭代过程会导致计算量很大，图像复原的耗时较长。实际应用中还需

要对两种处理方法进行综合考虑和选择。

在实际的图像复原工作中，针对各种不同的具体情况，需要用特定的复原方法去解决。

（一）非约束复原的基本方法

当图像退化系统为线性不变系统，且噪声为加性噪声时，可将复原问题在线性系统理论的框架内处理。非约束复原就是指对退化模型 $g=Hf+n$，在已知退化图像 g 的情况下，根据对退化系统 H 和 n 的了解和假设，估计出原始图像 f，使得某种事先确定的误差准则为最小，其中最常见的准则为最小二乘准则。

若 $n=0$ 或对噪声一无所知，则可以把复原问题当作一个最小二乘问题来解决。令 $e(\hat{f})$ 为 $\hat{f}$ 与其近似向量 f 之间的残差向量，则有

$$g = H\hat{f} + e(\hat{f})$$

使目标函数

$$W(\hat{f}) = \parallel e(\hat{f}) \parallel^2 = \parallel g-Hf \parallel^2$$

最小化，其中 $\parallel \cdot \parallel$ 是一个向量的 2- 范数，即其各元素二次方和的均方根。令 $W(\hat{f})$ 对 $\hat{f}$ 的导数等于 0，得

$$\frac{\partial W(\hat{f})}{\partial \hat{f}} = 2H'(g-Hf) = 0$$

求解 $\hat{f}$ 由于 H 为方阵，得

$$\hat{f} = (H'H)^{-1}H'g = H^{-1}g$$

（二）逆滤波

在许多实际场合中，图像退化模型可以认为是一个线性模糊（如运动、大气扰动和离焦等）和一个加性高斯噪声的合成，图像复原可以通过设计复原滤波器，即逆滤波（去卷积）来实现。逆滤波又叫反向滤波，是最早

应用于数字图像复原的一种方法，是非约束复原的一种。

由上可知

$$n=g-Hf$$

逆滤波法是指在对 n 没有先验知识的情况下，可以依据这样的最优准则，即寻找一个 $\hat{f}$，使得 Hf 在最小二乘误差的意义下最接近 g，即要使 n 的模或 3- 范数最小：

$$\|n\|^2 = n^{\mathrm{T}}n = \left\|g - H\hat{f}\right\|^2 = (g - H\hat{f})^{\mathrm{T}}(g - H\hat{f})$$

上式的极小值为

$$L\hat{f} = \left\|g - H\hat{f}\right\|^2$$

如果我们在求最小值的过程中不做任何约束，由极值条件可以解出 $\hat{f}$ 为

$$\hat{f} = (H^{\mathrm{T}}H)^{-1}H^{\mathrm{T}}g = H^{-1}g$$

对上式进行傅立叶变换得

$$\hat{F}(u,v) = \frac{G(u,v)}{H(u,v)}$$

可见，如果知道 $g(x,y)$ 和 $h(x,y)$，也就知道了 $G(u, v)$ 和 $H(u, v)$，根据上式即可得出 $\hat{F}(u,v)$，再经过傅立叶逆变换就能求出原图像 $\hat{f}(x,y)$。在有噪声的情况下，由上式可知

$$\hat{F}(u,v) = \frac{G(u,v)}{H(u,v)} - \frac{N(u,v)}{H(u,v)}$$

也就是说，该方法是用退化函数除退化图像的傅立叶变换来计算原始图像的傅立叶变换估计值，这个公式说明逆滤波对于没有被噪声污染的图像很有效，这里不考虑在空间的某些位置上当 $H(u, v)$ 接近于 0 时可能遇到的计算问题，忽略这些点在恢复结果中并不会产生可感觉到的影响。若

$H(u, v)$ 出现奇异点或者 $H(u, v)$ 非常小的时候，即使没有噪声，也无法精确恢复 $f(x, y)$）。另外，在高频处 $H(u, v)$ 的幅值较小时，或当噪声存在时，$H(u, v)$ 可能比 $N(u, v)$ 的值小得多，噪声的影响可能变得显著，这样也可能使得 $f(x, y)$ 无法正确恢复。为了克服 $H(u, v)$ 接近 0 所引起的问题，通常在分母中加入一个小的常数 k，将上式修改为

$$\hat{F}(u,v) = \frac{G(u,v) - N(u,v)}{H(u,v) + k}$$

（三）维纳滤波法

在大部分图像中，邻近的像素是高度相关的，而距离较远的像素则相关性较弱。由此，我们可以认为典型图像的自相关函数通常会随着与原点距离的增加而下降。由于图像的功率谱是图像本身自相关函数的傅立叶变换，因此可以认为图像的功率谱随着频率的升高而下降。一般地，噪声源往往具有平坦的功率谱，即使不是如此，其随着频率的增加而下降的趋势也要比典型图像的功率谱慢得多。因此，图像功率谱的低频成分以信号为主，而高频部分则主要被噪声所占据。由于逆滤波器的幅值常随着频率的升高而升高，因此会增强高频部分的噪声。为了克服以上缺点，提出了采用最小均方误差的方法（维纳滤波）进行模糊图像的恢复。

维纳（Wiener）滤波可以归于反卷积（或反转滤波）算法一类，它是由 Wiener 首先提出的，应用于一维信号处理时取得了很好的效果。在图像复原方面，由于维纳滤波计算量小、复原效果好，并且抗噪性能优良，得到了广泛的应用和发展，许多高效的复原算法都是以此为基础形成的。

维纳滤波也是最小二乘滤波，是使原始图像 $f(x, y)$ 与其恢复图像 $\hat{f}(x, y)$ 之间的均方误差最小的复原方法。原始图像 $f(x, y)$、退化图像 $g(x, y)$ 和图像噪声 $n(x, y)$ 之间的关系都是随机的，并假设噪声的统计特性已知。因此给定了 $g(x, y)$，仍然不能精确求解 $f(x, y)$，只能找出 $f(x, y)$ 的一个估计值 $\hat{f}(x, y)$，使得均方误差式

$$e^2 = E[(f - \hat{f})^2]$$

最小。

式中 $\hat{f}(x, y)$ 是给定 $g(x, y)$ 对 $f(x, y)$ 的最小二乘估计；$E[\cdot]$ 是求期望。该式在频域可表示为

$$\hat{F}(u,v) = \left\{ \frac{1}{H(u,v)} \frac{|H(u,v)|^2}{|H(u,v)|^2 + \gamma[S_n(u,v)/S_f(u,v)]} \right\} G(u,v)$$

式中，$H(u, v)$ 表示退化函数，$|H(u, v)|^2 = H(u, v)H(u, v)$；$(u, v) = |N(u, v)|^2$ 表示噪声的功率谱；$S_f(u, v) = |F(u, v)|^2$ 表示未退化图像的功率谱。$\gamma = 1$ 时，为标准维纳滤波器；$\gamma \neq 1$ 时，为含参维纳滤波器。没有噪声（即 $S_n(u, v) = 0$）时维纳滤波器退化成理想逆滤波器。实际应用中必须调节 γ 以使上式最小。因为实际很难求得和 $S_n(u, v)$ 和 $S_f(u, v)$，因此可以用一个比值 k 代替噪声和未退化图像的功率谱之比，从而得到简化的维纳滤波公式

$$\hat{F}(u,v) = \frac{1}{H(u,v)} \frac{|H(u,v)|^2}{|H(u,v)|^2 + k} G(u,v)$$

对一幅灰度图像的逆滤波和维纳滤波复原图像的结果如图 3-12 所示，可见图 3-12(d) 的维纳滤波复原结果明显比图 3-12(c) 的逆滤波复原结果更接近原始图像。

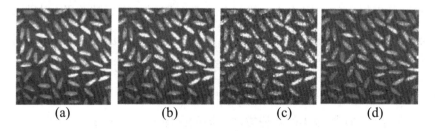

(a)　　　　　(b)　　　　　(c)　　　　　(d)

图 3-12　逆滤波和维纳滤波复原图像结果

（a）原始图像；（b）退化图像；（c）逆滤波复原结果；（d）维纳滤波复原结果

（四）有约束最小二乘复原（正则滤波法）

正则滤波即有约束的最小二乘滤波。由于大多数图像恢复问题都不具有唯一解，或者说恢复过程具有病态特征，因此在最小二乘复原处理中通常需要对运算施加某种约束。例如，令 Q 为对图像 f 施加的某一线性算子，那么最小二乘复原的问题可以看成使形式为 $\left\| Q\hat{f} \right\|^2$ 的函数，服从约束条件

$$\|n\|^2 = \|g - Hf\|^2$$

的最小化问题，这种有附加条件的极值问题可以用拉格朗日乘数法来处理。

寻找一个 $\hat{f}$，使下述准则函数为最小

$$W(\hat{f}) = \| Q\hat{f} \|^2 + \lambda \| g - Hf \|^2 - \| n \|^2$$

式中，λ 为一个常数，称作拉格朗日系数。通过指定不同的 Q，可以达到不同的复原目标。令

$$\frac{\partial W(\hat{f})}{\partial \hat{f}} = 0$$

可得

$$2Q'(Q\hat{f}) - 2\lambda H'(g - H\hat{f}) = 0$$

解得

$$\hat{f} = (H'H + \gamma Q'Q)^{-1} H'g$$

式中 $\gamma = 1/\lambda$，为一个必须调整使式子成立的函数，这是求有约束最小二乘复原解的通用形式。

$\| n \|^2$ 是 γ 的单调递增函数，因此可以用迭代法求出满足约束条件上式的待定系数 γ。首先任取一个 γ，把求得的 $\hat{f}$ 再代入上式，若结果大于 $\| n \|^2$ 时，便减少 γ，反之增大 γ，再重复上述过程，直到满足约束条件上式为止。实际求解时，只要能使 $\| g - Hf \|^2 - \| n \|^2$ 小于某一给定值就可以了。把求得的 γ 代入，最后求得最佳估计 $\hat{f}$。

应用有约束最小二乘方恢复方法时，只需有关噪声均值和方差的知识就可对每幅给定的图像给出最佳恢复结果。

（五）Richardson–Lucy 算法（RL 算法）

RL 算法是一种迭代的非线性复原算法，它假设图像服从泊松（Poisson）噪声分布，采用最大似然法进行估计，是一种基于贝叶斯分析的迭代算法。对于泊松噪声分布，图像 I 的似然概率可以表达为

$$p(B/I) = \prod_x \frac{I^*K(x)^{B(x)} \exp[-(I^*K)(x)]}{B(x)}$$

B_P=Poisson[（I*K）（x）] 为泊松过程。图像 I 的最大似然解是通过最小化下面的能量函数得到的

$$I^* = \arg\min E(I)$$

式中

$$E(I) \sum [(I^*\boldsymbol{K}) - B\lg(I^*\boldsymbol{K})]$$

对上式求导，并假设归一化的模糊核 $\boldsymbol{K}(\int K(x) \, \mathrm{d}x = 2)$，得到 RL 算法的迭代式

$$I^{t+1} = I^t[\boldsymbol{K}^* \frac{B}{I^*\boldsymbol{K}}]$$

式中，$\boldsymbol{K}^*$ 为 $\boldsymbol{K}$ 的伴随矩阵，即 $\boldsymbol{K}^*（i, j）=\boldsymbol{K}（-j, -i）$；$t$ 为迭代次数。

RL 算法有两个重要特性：非负性和能量保持性质。非负性保证估计值都是正值，同时迭代过程中保持全部能量，这保证了 RL 算法的优越性。同时，RL 算法的效率也是比较高的，每次迭代仅需要两个卷积和两个乘法操作。

但 RL 算法也存在一些缺陷，使其在实际应用中存在局限性。一是振铃效应，当迭代次数增加时，能恢复更多的图像细节，但是平滑区域的振铃效应也会增多，影响图像恢复的质量；二是噪声放大问题，RL 算法在噪声影响可忽略或较小的情况下具有唯一解，但尚未涉及噪声对复原结果的影

响。经多次迭代，尤其是在低信噪比的情况下，重建图像可能会出现一些斑点，这些斑点并不代表图像的真实结构，是输出图像过于逼近噪声所产生的结果。因此，对于实际应用中常见的低信噪比图像，在每一次迭代中噪声都会被放大，这也严重影响了图像复原的质量，难以获得较好的复原效果。

（六）盲去卷积

盲信号处理（blind signal prcessing，BSP）是目前信号处理中最热门的技术之一，其目标是在没有任何或很少关于源信号和混合先验知识的前提下，从一组混合（或观测）信号中恢复原始信号。在考虑时间延迟的情况下，观测到的信号应该是源信号和通道的卷积，对卷积混叠信号进行盲分离通常称为盲去卷积（或盲反卷积）（blind deconvolution，BD）。盲去卷积的基本步骤是：首先根据研究的问题建立模型；然后根据信息理论和统计理论等方法建立目标函数，在不同的应用中，目标函数或其期望值可能被称为代价函数、损失函数或对比函数等；最后寻求一种有效的算法。

图像复原最困难的问题之一是如何获得对点扩散函数（PSF）的恰当估计。根据 PSF 是否已知，去卷积分为盲去卷积和非盲去卷积。非盲去卷积方法是在 PSF 已知的情况下，由退化图像求得清晰图像的近似。由于存在噪声，以及退化过程高频信息的丢失，去模糊问题也是欠约束的，经典算法有维纳滤波、卡尔曼滤波和 RL 算法等，这些方法在图像复原的过程中会出现振铃效应和噪声放大等问题。而那些不以 PSF 为基础的图像复原方法统称为盲去卷积，由于 PSF 未知，因而这类问题变得更加复杂。盲去卷积的方法已经受到了人们的极大重视，对于给定的原图像，使其退化，得到退化图像，再利用盲去卷积的方法使其恢复，得到视觉效果更好的图像。

盲去卷积图像复原算法可以分为两步：先估计 PSF，再使用非盲去卷积算法去模糊。也可以这两个过程同时进行，交替估计 PSF 和清晰图像，交替优化，直到得到满意的结果。该算法的优点是，可同时恢复图像和点扩散函数，在对失真情况毫无先验知识的情况下，仍能实现对模糊图像的恢复操作。

本节介绍了图像退化的数学模型和几种常用的图像复原方法，包括逆滤波法、有约束最小二乘法、维纳滤波法、RL 算法和盲去卷积。逆滤波对噪声比较敏感，恢复结果受噪声的影响较大；有约束最小二乘法在无噪声或者噪声很小的情况下恢复效果比较理想，对于含有一定强度噪声的情况，恢复效果也不理想；在不含有噪声的情况下，RL 算法的恢复效果随着迭代次数的增加而变得越来越好，但是对于含有噪声的图片，RL 算法会对噪声进行放大，而且迭代次数的增加也会导致计算量大幅增加，不利于图像的实时复原；维纳滤波法可以通过选择合适的参数来抑制噪声，而且其算法是在频域完成的，计算速度相对来说要优于其他算法。

第四节　数字图像变换技术

数字图像处理的方法很多，根据它们处理数字图像时所用的系统，主要可以归纳为两类：空间域处理法（空域法）及频域法（或称为变换域法）。前面所介绍的图像的增强和复原等所用算法都是在空间域中进行的，本节将着重介绍数字图像处理中常见的频域法。

一、图像变换概述

图像变换理论是信号与线性系统理论在图像处理领域的推广与应用，是指为了用正交函数或正交矩阵表示图像而对原图像所做的二维线性可逆变换。它将图像看作依赖于空间坐标参数 (x, y) 的二维信号，并通过特定的数学运算（如积分或求和）对其进行参量变换，从而实现用不同的参量对信号进行描述的目的。一般原始图像称为空间域图像，变换后的图像称为转换域图像，转换域图像可反变换为空间域图像。

图像变换是图像频域增强技术的基础，也是变换域图像分析理论的基础。经过变换后的图像往往更有利于特征抽取、增强、压缩和编码。此外，多数图像滤波技术要求求解复杂的微分方程，利用图像变换可以将这些微分方程转换为代数方程，大大简化数学分析和求解。

由于变换的目的是使图像处理简化，因而对图像变换有以下三方面的要求：变换必须是可逆的，它保证了图像变换后，还可以变换回来；变换应使处理得到简化；变换算法本身不能太复杂。每种图像变换都有严格的数学模型，并且通常都是酉变换，即是完备和正交的，但不是每种变换都有其适合的实现物理意义。

实现图像变换的手段有数字和光学两种方式，分别对应二维离散和连续函数的运算。本节重点介绍数字变换方法，通常在计算机或专用的数字信号处理芯片中进行。数字图像变换常用的三种方法如下所述。

（1）离散傅立叶变换（DFT）：它是应用最广泛和最重要的变换。其基函数是复指数函数，转换域图像是原空间域图像的二维频谱，其直流项与原图像亮度的平均值成比例，高频项表征图像中边缘变化的强度和方向。为了提高运算速度，计算机中多采用快速傅立叶变换算法（fast fourier transform，FFT）。

（2）离散沃尔什－哈达玛变换（discrete-walsh hadamard transform，DWHT）：它是一种便于运算的变换。其基函数是 +1 或 –1 的有序序列。这种变换只需要做加法或减法运算，不需要像傅立叶变换那样做复数乘法运算，所以能提高运算速度，减少所需的存储容量；而且这种变换已有快速算法，能进一步提高运算速度。

（3）离散卡夫纳－勒维（K-L）变换：它是以图像的统计特性为基础的变换，又称霍特林变换或本征向量变换。变换的基函数是样本图像的协方差矩阵的特征向量。这种变换用于图像压缩、滤波和特征抽取时在均方误差意义下是最优的。但在实际应用中往往不能获得真正协方差矩阵，所以不一定有最优效果。它的运算较复杂且没有统一的快速算法。

除上述变换外，离散余弦变换（discrete cosine transform，DCT）、离散正弦变换（discrete sine transform，DST）、哈尔变换、斜变换和小波变换等也在图像处理中得到应用。目前，图像变换技术被广泛运用于图像增强、图像复原、图像压缩、图像特征提取以及图像识别等领域。本节将重点介绍这些与图像变换相关的算法。

二、傅立叶变换

傅立叶变换是信号处理的理论基础，它建立了信号时域与频域的联系，在各种数字信号处理的算法中起着核心的作用，尤其是在一维信号处理中被广泛使用。这里我们将介绍它在数字图像处理中的使用方法。

（一）二维连续傅立叶变换的定义

傅立叶变换建立了以时间为自变量的"信号"与以频率为自变量的"频率函数（频谱）"之间的某种变换关系。根据时间或频率取连续还是离散值，就形成各种不同形式的傅立叶变换对。

（1）傅立叶级数（FS）：针对连续周期信号，时间连续，频率离散。

（2）傅立叶变换（FT）：针对连续非周期信号，时间连续，频率连续。

（3）离散时间傅立叶变换（DTFT）：针对离散时间信号，时间离散，频率连续。

（4）离散傅立叶变换（DFT）：针对离散时间信号，时间离散，频率离散。

设 $f(x)$ 为实变量 x 的连续函数，如果 $f(x)$ 满足绝对可积的条件：

$$\int_{-\infty}^{+\infty} |f(x)|\, dx < \infty$$

则定义 $f(x)$ 的傅立叶变换为

$$F(u) = \int_{-\infty}^{+\infty} f(x)\exp[-j2\pi ux]\, dx$$

其逆变换为

$$f(x) = \int_{-\infty}^{+\infty} F(u)\exp[-\mathrm{j}2\pi ux]\,\mathrm{d}u$$

式中，x 为时域自变量，u 为频域自变量，通常称为频率变量。显然，傅立叶变换的结果是一个复数表达式。

我们可以把傅立叶变换推广到二维情况。如果二维连续函数 $f(x, y)$ 满足绝对可积的条件，则可导出下面的二维傅立叶变换：

$$F(u,v) = \int_{-\infty}^{+\infty}\int_{-\infty}^{+\infty} f(x,y)\exp[-\mathrm{j}2\pi(ux+vy)]\,\mathrm{d}u\mathrm{d}v$$

如果 $F(u,v)$ 是可积的，则逆变换为

$$f(x,y) = \int_{-\infty}^{+\infty}\int_{-\infty}^{+\infty} F(u,v)\exp[\mathrm{j}2\pi(ux+vy)]\,\mathrm{d}u\mathrm{d}v$$

设 $F(u,v)$ 的实部为 $R(u,v)$，虚部为 $I(u,v)$，则二维傅立叶变换的幅度谱和相位谱分别为

$$|F(u,v)| = \sqrt{R^2(u,v) + I^2(u,v)}$$

和

$$\phi(u,v) = \arctan\frac{R(u,v)}{I(u,v)}$$

能量谱为

$$E(u,v) = R^2(u,v) + I^2(u,v)$$

例如，计算函数

$$f(x,y) = \begin{cases} A, 0 \leqslant x \leqslant X, 0 \leqslant y \leqslant Y \\ 0, 其他 \end{cases}$$

的傅立叶变换表达式

$$
\begin{aligned}
F(u,v) &= \iint_{-\infty}^{+\infty} f(x,y)\mathrm{e}^{-\mathrm{j}2\pi(ux+vy)}\mathrm{d}x\mathrm{d}y \\
&= A\iint_{-\infty}^{+\infty} \mathrm{e}^{-\mathrm{j}2\pi(ux+vy)}\mathrm{d}x\mathrm{d}y \\
&= A\int_{0}^{X} \mathrm{e}^{-\mathrm{j}2\pi ux}\mathrm{d}x \cdot \int_{0}^{X} \mathrm{e}^{-\mathrm{j}2\pi vy}\mathrm{d}y \\
&= A\int_{0}^{X} \frac{\mathrm{e}^{-\mathrm{j}2\pi ux}\mathrm{d}(-\mathrm{j}2\pi ux)}{-\mathrm{j}2\pi u} \int_{0}^{Y} \frac{\mathrm{e}^{-\mathrm{j}2\pi vy}\mathrm{d}(-\mathrm{j}2\pi vy)}{-\mathrm{j}2\pi v}
\end{aligned}
$$

因为 $\int e^x dx = e^x$ 且 $d(cx) = c \cdot dx$

则

$$F(u,v) = \frac{A}{-j2\pi u} e^{-j2\pi ux} \bigg|_0^X \frac{1}{-j2\pi v} e^{-j2\pi vy} \bigg|_0^Y$$

（二）二维连续傅立叶变换的性质

傅立叶变换具有很多方便运算处理的性质。下面列出二维连续傅立叶变换的一些重要性质。

1. 线性

傅立叶变换是一个线性变换，即

$$FT[a \cdot f(x,y) + b \cdot g(x,y)] = a \cdot FT[f(x,y)] + b \cdot FT[g(x,y)]$$

2. 可分离性

一个二维傅立叶变换可以用二次一维傅立叶变换来实现。推导如下：

$$
\begin{aligned}
F(u,v) &= \int_{-\infty}^{+\infty} \int_{-\infty}^{+\infty} f(x,y) \exp[-j2\pi(ux + vy)] dxdy \\
&= \int_{-\infty}^{+\infty} \int_{-\infty}^{+\infty} f(x,y) \exp[-j2\pi ux] \exp[-j2\pi vy] dxdy \\
&= \int_{-\infty}^{+\infty} \left[\int_{-\infty}^{+\infty} f(x,y) \exp[-j2\pi ux] dx \right] \exp[-j2\pi vy] dy \\
&= \int_{-\infty}^{+\infty} \{ FT[f(x,y)] \} \exp[-j2\pi vy] dy \\
&= FT_y \{ FT_x[f(x,y)] \}
\end{aligned}
$$

3. 平移性

傅立叶变换具有平移特性，即

$$FT[f(x-x_0, y-y_0)] = F(u,v) \exp[-j2\pi(ux_0 + vy_0)]$$

$$FT\left[f(x,y) \exp[j2\pi(u_0x + v_0y)] \right] = F(u-u_0, v-v_0)$$

4. 共轭性

如果函数 $f(x, y)$ 的傅立叶变换为 $F(u, v)$，$F*(-u, -v)$ 为 $f(-x, -y)$ 傅立叶变换的共轭函数，那么

$$F(u, v) = F*(-u, -v)$$

5. 尺度变换特性

如果函数 $f(x, y)$ 的傅立叶变换为 $F(u, v)$，a 和 b 为两个标量，那么

$$FT[af(x,y) = aF(u,v)$$

$$FT[f(ax,by) = \frac{1}{|ab|}F\left(\frac{u}{a}, \frac{v}{b}\right)$$

6. 旋转不变性

如果空间域函数旋转角度为 θ_0，则该函数的傅立叶变换函数也将旋转同样的角度，表达式如下：

$$FT[f(r,\theta+\theta_0)] = F(k,\varphi+\theta_0)$$

式中，$f(r, \theta)$ 和 $F(k, \varphi)$ 为极坐标表达式，其中 $x=r\cos\theta$，$y=r\sin\theta$，$u=k\cos\theta$，$v=k\sin\theta$，$f(r, \theta)$ 傅立叶变换为 $F(k, \varphi)$。

7. 对称性

如果函数 $f(x, y)$ 的傅立叶变换为 $F(u, v)$，那么

$$FT[F(x,y)] = f(-u,-v)$$

8. 能量保持定理

能量保持定理也称 Parseval 定理，数学描述如下：

$$\int_{-\infty}^{+\infty} \int_{-\infty}^{+\infty} |f(x,y)|^2 \mathrm{d}x\mathrm{d}y = \int_{-\infty}^{+\infty} \int_{-\infty}^{+\infty} |F(u,v)|^2 \mathrm{d}u\mathrm{d}v$$

表明傅立叶变换前后信号的能量守恒。

9. 相关定理

如果 $f(x, y)$ 和 $g(x, y)$ 为两个二维时域函数，那么可以定义相关运算"。"

如下：

$$f(x,y) \circ g(x,y)$$

则

$$FT[f(x,y) \circ g(x,y)] = F(u,v) \cdot G^*(u,v)$$
$$FT[f(x,y) \cdot g^*(x,y)] = F(u,v) \circ G(u,v)$$

式中，$F(u, v)$ 为函数 $f(x, y)$ 的傅立叶变换；$G(u, v)$ 为函数 $g(x, y)$ 的傅立叶变换；$G^*(u, v)$ 为 $G(u, v)$ 的共轭；$g^*(x, y)$ 为 $g(x, y)$ 的共轭。

10.卷积定理

如果 $f(x, y)$ 和 $g(x, y)$ 为两个二维时域函数，那么可以定义卷积运算"*"如下：

$$f(x,y) * g(x,y) = \int_{-\infty}^{+\infty} \int_{-\infty}^{+\infty} f(a,b)g(x-a,y-b)\mathrm{d}a\mathrm{d}b$$

则

$$FT[f(x,y) * g(x,y)] = F(u,v) \cdot G(u,v)$$
$$FT[f(x,y) \cdot g(x,y)] = F(u,v) * G(u,v)$$

式中，$F(u, v)$ 为函数 $f(x, y)$ 的傅立叶变换；$G(u, v)$ 为函数 $g(x, y)$ 的傅立叶变换。

（三）二维离散傅立叶变换的定义

连续函数的傅立叶变换是波形分析的有力工具，但是为了使之适用于计算机技术，必须将连续变换转变成离散变换，这样就必须引入离散傅立叶变换（DFT）。离散傅立叶变换在数字信号处理和数字图像处理中都得到了十分广泛的应用，它在离散时域和离散频域之间建立了联系。

如果 $f(x)$ 为一长度为 N 的序列，则其离散傅立叶正变换由下式来表示：

$$F(u) = DFT[f(x)] = \sum_{x=0}^{N-1} f(x) \exp\left[-j\frac{2\pi ux}{N}\right]$$

逆变换为

$$f(x) = DFT^{-1}[F(u)] = \frac{1}{N}\sum_{u=0}^{N-1} F(u) \exp\left[j\frac{2\pi ux}{N}\right]$$

式中，$x = 0,\ 1,\ 2,\ \cdots,\ N-1$。

如果令 $W_N = \exp[-j2\pi / N]$，那么上述公式变成

$$F(u) = \sum_{x=0}^{N-1} f(x) W_N^{ux}$$

$$f(x) = \frac{1}{N}\sum_{u=0}^{N-1} F(u) W_N^{-ux}$$

也可写成矩阵形式为

$$
\begin{pmatrix} F(0) \\ F(1) \\ \vdots \\ F(N-1) \end{pmatrix} =
\begin{pmatrix}
W^0 & W^0 & W^0 & \cdots & W^0 \\
W^0 & W^{1\times 1} & W^{2\times 1} & \cdots & W^{(N-1)\times 1} \\
\vdots & \vdots & \vdots & \vdots & \vdots \\
W^0 & W^{1\times(N-1)} & W^{2\times(N-1)} & \cdots & W^{(N-1)\times(N-1)}
\end{pmatrix}
\begin{pmatrix} F(0) \\ F(1) \\ \vdots \\ F(N-1) \end{pmatrix}
$$

$$
\begin{pmatrix} F(0) \\ F(1) \\ \vdots \\ F(N-1) \end{pmatrix} =
\frac{1}{N}
\begin{pmatrix}
W^0 & W^0 & W^0 & \cdots & W^0 \\
W^0 & W^{-1\times 1} & W^{-2\times 1} & \cdots & W^{-(N-1)\times 1} \\
\vdots & \vdots & \vdots & \vdots & \vdots \\
W^0 & W^{-1\times(N-1)} & W^{-2\times(N-1)} & \cdots & W^{-(N-1)\times(N-1)}
\end{pmatrix}
\begin{pmatrix} F(0) \\ F(1) \\ \vdots \\ F(N-1) \end{pmatrix}
$$

二维离散傅立叶变换很容易从一维的概念推广得到。二维离散函数 $f(x, y)$ 的傅立叶变换为

$$F(u,v) = DFT[f(x,y)] = \sum_{x=0}^{M-1}\sum_{y=0}^{N-1} f(x,y) \exp\left[-j2\pi\left(\frac{ux}{M} + \frac{vy}{N}\right)\right]$$

逆变换为

$$f(x,y) = DFT^{-1}[F(u,v)] = \frac{1}{MN}\sum_{u=0}^{M-1}\sum_{v=0}^{N-1} F(u,v)\exp\left[j2\pi\left(\frac{ux}{M}+\frac{vy}{N}\right)\right]$$

式中, $x=0$, 1, $\cdots$, $M-1$, $y=0$, 1, $\cdots$, $N-1$。

在数字图像处理中, 图像取样一般是方阵, 即 $M=N$, 则二维离散傅立叶变换式为

$$F(u,v) = DFT[f(x,y)] = \sum_{x=0}^{M-1}\sum_{y=0}^{N-1} f(x,y)e^{-j2\pi\left(\frac{ux+vy}{N}\right)}$$

逆变换为

$$f(x,y) = DFT^{-1}[F(u,v)] = \frac{1}{N^2}\sum_{u=0}^{M-1}\sum_{v=0}^{N-1} F(u,v)\exp\left[j2\pi\left(\frac{ux+vy}{N}\right)\right]$$

图像的频率是表征图像中灰度变化剧烈程度的指标, 是灰度在平面空间上的梯度。如大面积的沙漠在图像中是一片灰度变化缓慢的区域, 对应的频率值很低; 而对于地表属性变换剧烈的边缘区域在图像中是一片灰度变化剧烈的区域, 对应的频率值较高。

从物理效果看, 傅立叶变换是将图像从空间域转换到频率域, 其逆变换是将图像从频率域转换到空间域。实际上对图像进行二维傅立叶变换得到的频谱图就是图像梯度的分布图, 当然频谱图上的各点与图像上各点并不存在一一对应的关系。我们在傅立叶频谱图上看到的明暗不一的亮点, 就是图像上某一点与其邻域点差异的强弱, 即灰度梯度的大小, 也是该点的频率的大小。经过傅立叶变换后的图像, 四角对应于低频部分, 中央部位对应于高频部分, 如图 3-13 至图 3-15 所示。

（a）　　　　　　　　　　（b）

图 3-13　对图像一进行傅立叶变换前后的结果

（a）原始图像；（b）离散傅立叶变换后的频谱图

（a）　　　　　　　　　　（b）

图 3-14　对图像二进行傅立叶变换前后的结果

（a）原始图像；（b）离散傅立叶变换后的频谱图

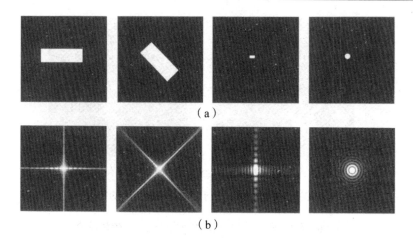

图 3-15 对二值图像进行傅立叶变换前后的结果

（a）原始图像；（b）频谱图

（四）二维离散傅立叶变换的性质

二维离散傅立叶变换与二维连续傅立叶变换有相似的性质，下面列出它的几种常用性质。

1.线性

设 $F_1(u, v)$ 和 $F_2(u, v)$ 分别为二维离散函数 $f_1(x, y)$ 和 $f_2(x, y)$ 的离散傅立叶变换，则

$$DFT[af_1(x,y)+bf_2(x,y)]=aF_1(u,v)+bF_2(u,v)$$

式中，a 和 b 是常数。

2.可分离性

从上式可以看出，式中的指数项可分成只含有 x, u 和 y, v 的二项乘积，其相应的二维离散傅立叶变换对可分离成两部分的乘积

$$F(u,v) = \frac{1}{N^2} \sum_{x=0}^{N-1} \exp[-j2\pi ux/N] \times \sum_{y=0}^{N-1} f(x,y) \exp[-j2\pi ux/N]$$

$$f(x,y) = \sum_{x=0}^{N-1} \exp[j2\pi ux/N] \times \sum_{y=0}^{N-1} F(u,v) \exp[j2\pi vy/N]$$

式中，u，v，x 和 y 均取 0，1，2，$\cdots$，N–1。

可分离性的重要意义在于：一个二维傅立叶变换或反变换都可分解为两步进行，其中每一步都是一个一维傅立叶变换或反变换。为说明问题，以二维傅立叶正变换式为例，设上式的求和项为 $F(x, v)$，即

$$F(x,v) = N \left[\frac{1}{N^2} \sum_{y=0}^{N-1} f(x,y) \exp[-j2\pi uy/N] \right]$$

表示对每一个 x 值，$f(x,y)$ 先沿每一行进行一次一维傅立叶变换，再将 $F(x, v)$ 沿每一列进行一次一维傅立叶变换，就可得二维傅立叶变换 $F(u, v)$，即

$$F(u,v) = \frac{1}{N} \sum_{x=0}^{N-1} F(x,v) \exp[-j2\pi ux/N]$$

显然，改为先沿列后沿行分离为两个一维变换，其结果是一样的。此时，以上两式改为下列形式：

$$F(u,y) = N \left[\frac{1}{N^2} \sum_{x=0}^{N-1} f(x,y) \exp[-j2\pi ux/N] \right]$$

$$F(u,v) = \frac{1}{N} \sum_{y=0}^{N-1} F(u,y) \exp[-j2\pi vy/N]$$

二维离散傅立叶逆变换的分离过程与正变换相似，不同的只是指数项为正，这里就不再赘述了。

3. 平移性

$$f(x,y) \exp[j2\pi(u_0 x + v_0 y)/N] \Leftrightarrow F(u-u_0, v-v_0)$$

和

$$f(x-x_0, y-y_0) \Leftrightarrow F(u,v)\exp[-j2\pi(ux_0 + vy_0)] / N$$

上式表明，在空域中图像原点平移到（x_0，y_0）时，其对应的频谱 $F(u,$ v）要乘上指数项 $\exp[-j2\pi(ux_0 + vy_0)] / N$；而频域中原点平移到（$u_0$，$v_0$）时，其对应的 $f(x,y)$ 要乘上指数项 $\exp[j2\pi(ux_0 + vy_0)] / N$。当空域中 $f(x,y)$ 产生移动时，在频域中只发生相移，而频谱的幅值不变，因为

$$|F(u,v)\exp[-j2\pi(ux_0 + vy_0)] / N| = |F(u,v)|$$

反之，当频域中 $F(u,$ v）产生移动时，相应的 $f(x,y)$ 在空域中也产生相移，而幅值不变。

在数字图像处理中，常常需要将 $F(u,$ v）的原点移到 $N \times N$ 频域方阵的中心，以便可以清楚地分析其频谱的情况。要做到这一点，只需要令 $u_0 = v_0 = N/2$，则

$$\exp[j2\pi(ux_0 + vy_0)] / N = e^{j\pi(x+y)} = (-1)^{x+y}$$

变换上式可得

$$f(x,y)(-1)^{x+y} \Leftrightarrow F(u - \frac{1}{2}N, v - \frac{1}{2}N)$$

上式说明如果需要将图像频谱的原点从起始点（0，0）移到图像的中心点（$N/2, N/2$），只要 $f(x,y)$ 乘上 $-(x+y)$ 因子进行傅立叶变换即可实现。图 3-16 为图像平移前后其频谱图的变化情况。

（a）   （b）

图 3-16　傅立叶变换的平移性

（a）平移前的频谱图；（b）平移后的频谱图

4.周期性和共轭对称性

离散傅立叶变换和反变换具有周期性和共轭对称性。其中周期性表示为

$$F(u,v) = F(u+aN,v+bN)$$
$$f(x,y) = f(x+aN,y+bN)$$

式中，a，b=0，±1，±2，…。

共轭对称性表示为

$$F(u,v) = F^*(-u,-v)$$
$$|F(u,v)| = |F(-u,-v)|$$

离散傅立叶变换对的周期性，说明正变换后得到的 $F(u,v)$ 或反变换后得到的 $f(x,y)$ 都是周期为 N 的离散函数。但是，为了确定 $F(u,v)$ 或 $f(x,y)$ 只需得到一个周期中的 N 个值。也就是说，为了在频域中完全地确定 $F(u,v)$，只需要变换一个周期。在空域中，对 $f(x,y)$ 也有类似的性质。共轭对称性说明变换后的幅值是以原点为中心对称的。利用此特性，在求一个周期内的值时，只需求出半个周期，另半个周期也就知道了，如此可大大减少计算量。

5.旋转不变性

若引入极坐标，则 $f(x,y)$ 和 $F(u,v)$ 分别变为 $f(r,\theta)$ 和 $F(\omega,\phi)$。在极坐标系中，存在以下变换对：

$$f(r,\theta+\theta_0) \Leftrightarrow F(\omega,\varphi+\theta_0)$$

此式表明，如果 $f(x,y)$ 在时间域中旋转 θ_0 角后，相应的 $F(u,v)$ 在频域中也旋转 θ_0 角；反之，如果 $F(u,v)$ 在频域中旋转 θ_0 角，其反变换 $f(x,y)$ 在空间域中也旋转 θ_0 角。

6. 分配性和比例性

傅立叶变换的分配性表明傅立叶变换和反变换对于加法可以分配，而对于乘法则不行，即

$$DFT\{f_1(x,y)+f_2(x,y)\}=DFT\{f_1(x,y)\}+DFT\{f_2(x,y)\}$$

$$DFT\{f_1(x,y)f_2(x,y)\}\neq DFT\{f_1(x,y)\}\cdot DFT\{f_2(x,y)\}$$

傅立叶变换的比例性表明对于两个常数 a 和 b，有

$$af(x,y)\Leftrightarrow aF(u,v)$$

$$f(ax,by)\Leftrightarrow\frac{1}{|ab|}F\left(\frac{u}{a},\frac{v}{b}\right)$$

上式说明在空间尺度的展宽，相应于频域尺度的压缩，其幅值也减少为原来的 $1/|ab|$。

7. 平均值

二维离散函数的平均值定义如下：

$$\overline{f(x,y)}=\frac{1}{N^2}\sum_{x=0}^{N-1}\sum_{y=0}^{N-1}f(x,y)$$

将 $u=v=0$ 代入二维离散傅立叶变换定义式，可得

$$F(0,0)=\frac{1}{N^2}\sum_{x=0}^{N-1}\sum_{y=0}^{N-1}f(x,y)$$

比较前面两式，可看出

$$\overline{f(x,y)}=F(0,0)$$

因此，若要求二维离散信号 $f(x,y)$ 的平均值，只需计算其傅立叶变换 $F(u,v)$ 在原点的值 $F(0,0)$。

8. 微分性质

二维函数 $f(x,y)$ 的拉普拉斯算子的定义为

$$\nabla^2 f(x,y) = \frac{\partial^2 f}{\partial x^2} + \frac{\partial^2 f}{\partial y^2}$$

按二维傅立叶变换的定义，可得

$$DFT\{\nabla^2 f(x,y)\} = -(2\pi)^2(u^2+v^2)F(u,v)$$

拉普拉斯算子通常用于检出图像的边缘。

9. 卷积定理

卷积定理和相关定理都是研究两个函数的傅立叶变换之间的关系，这也构成了空间域和频域之间的基本关系。两个二维连续函数 $f(x,y)$ 和 $g(x,y)$ 的卷积定义为

$$f(x,y) * g(x,y) = \iint_{-\infty}^{+\infty} f(a,b)g(x-a,y-b)\mathrm{d}a\mathrm{d}b$$

设

$$f(x,y) \Leftrightarrow F(u,v) \text{且} g(x,y) \Leftrightarrow G(u,v)$$

则

$$f(x,y) \cdot g(x,y) \Leftrightarrow F(u,v) * G(u,v)$$

上式表明两个二维连续函数在空间域中的卷积可用求其相应的两个傅立叶变换乘积的反变换得到。

对于离散的二维函数，上述性质也成立，但需注意与取样间隔对应的离散增量处发生位移，以及用求和代替积分。另外，由于离散傅立叶变换和反变换都是周期函数，为了防止卷积后产生混叠误差，需对离散二维函数的定义域加以扩展。设 $f(x,y)$ 和 $g(x,y)$ 是大小分别为 $A \times B$ 和 $C \times D$ 的离散数组，也就是说 $f(x,y)$ 定义域为（$0 \leq x \leq A{-}1$，$0 \leq y \leq B{-}1$），$g(x,y)$ 的定义域为（$0 \leq x \leq C{-}1$，$0 \leq y \leq D{-}1$），则可以证明，必须假定这些数组在 x 和 y 方向延伸为某个周期是 M 和 N 的周期函数，其中 $M \geq A+C-1$，$N \geq B+D-1$。这样各个卷积周期才能避免混叠误差，为此将 $f(x,y)$ 和 $g(x,y)$ 用补零的方法扩充成二维周期序列

$$f_e(x,y) = \begin{cases} f(x,y) & 0 \leqslant x \leqslant A-1 \quad 0 \leqslant y \leqslant B-1 \\ 0 & A \leqslant x \leqslant M-1 \quad B \leqslant x \leqslant N-1 \end{cases}$$

$$g_e(x,y) = \begin{cases} g(x,y) & 0 \leqslant x \leqslant C-1 \quad 0 \leqslant y \leqslant D-1 \\ 0 & C \leqslant x \leqslant M-1 \quad D \leqslant y \leqslant N-1 \end{cases}$$

其二维离散卷积形式为

$$f_e(x,y) * g_e(x,y) = \sum_{m=0}^{M-1} \sum_{n=0}^{N-1} f_e(m,n) g_e(x-m,y-n)$$

式中，$x=0$，1，$\cdots$，$M-1$，$y=0$，1，$\cdots$，$N-1$。这个方程给出的 $M \times N$ 阵列，是离散二维卷积的一个周期。

二维离散卷积定理可用下式表示：

$$f_e(x,y) * g_e(x,y) \Leftrightarrow F_e(u,v) \cdot G_e(u,v)$$
$$f_e(x,y) \cdot g_e(x,y) \Leftrightarrow F_e(u,v) * G_e(u,v)$$

此形式与连续的基本一样，所不同的是所有变量 x、y、u 和 v 都是离散量，其运算都是对于扩充函数 $f_e(x,y)$ 和 $g_e(x,y)$ 进行的。

10. 相关定理

两个二维连续函数 $f(x,y)$ 和 $g(x,y)$ 的相关运算定义为

$$f(x,y) \circ g(x,y) = \int_{-\infty}^{+\infty} \int_{-\infty}^{+\infty} f(\alpha+\beta) g(x+\alpha, y+\beta) d\alpha d\beta$$

在离散情况下，与离散卷积一样，需用补零的方法扩充 $f(x,y)$ 和 $g(x,y)$ 为 $f_e(x,y)$ 和 $g_e(x,y)$。那么，离散和连续情况的相关定理都可表示为

$$f(x,y) \circ g(x,y) \Leftrightarrow F(u,v) \cdot G^*(u,v)$$

和

$$f(x,y) \cdot g^*(x,y) \Leftrightarrow F(u,v) \circ G(u,v)$$

式中，"*"表示共轭。显然，对离散变量来说，其函数都是扩充函数，用 $f_e(x,y)$ 和 $g_e(x,y)$ 表示。

（五）二维离散傅立叶变换的具体操作步骤

一般来说，对一幅图像进行傅立叶变换运算量很大，不直接利用以上公式计算，而是采用快速傅立叶变换（FFT）算法，可大大减少计算量。如前所述，可以将二维离散傅立叶变换的运算分解为水平和垂直两个方向上的一维离散傅立叶变换运算，而一维离散傅立叶变换可用快速傅立叶变换来实现。下面给出二维离散快速傅立叶变换的操作步骤：

①获取原图像数据存储区的首地址、图像的高度和宽度。

②计算进行傅立叶变换的宽度和高度，这两个值必须是 2 的整数次幂；计算变换时所用的迭代次数，包括水平方向和垂直方向。

③逐行或逐列顺序读取数据区的值，存储到新开辟的复数存储区。

④调用一维 FFT 函数进行垂直方向的变换。

⑤转换变换结果，将垂直方向的变换结果转存回时域存储区。

⑥调用一维 FFT 函数，在水平方向上进行傅立叶变换，步骤同①～④。

⑦将计算结果转换成可显示的图像，并将坐标原点移至图像中心位置，使得可以显示整个周期频谱。

（六）应用傅立叶变换时应当注意的问题

尽管傅立叶变换提供了很多有用的属性，在数字图像处理领域中得到广泛的应用，但是它也有自身的不足，主要表现在两个方面。一是复数计算时，相对比较费时。如采用其他合适的完备正交函数来代替傅立叶变换所用的正、余弦函数构成完备的正交函数系，就可避免这种复数运算。如后面介绍的沃尔什（Walsh）函数系，每个函数只取"+1"和"–1"两个值，组成二值正交函数。因此，以沃尔什函数为基础所构成的变换是实数加减运算，其运算速度要比傅立叶变换快。二是收敛慢，在图像编码中尤为突出。

三、离散小波变换

小波变换（wavelet transform，WT）是现代频谱分析工具，是继傅立叶变换以来信号处理在科学方法上的重大突破。"小波"就是小区域、长度有限、均值为"0"的波形。"小"是指它具有衰减性;"波"则是指它的波动性,其振幅正负相间的振荡形式。

傅立叶变换提供了有关频率域的信息,但有关时间的局部化信息却基本丢失。与傅立叶变换不同,小波变换是时间(或空间)频率的局部化分析,在时域和频域都有良好的局部化特性,即提供局部分析和细化的能力。它通过伸缩和平移运算对信号逐步进行多尺度细化,最终达到高频处时间(或空间)细分,低频处频率细分,能自动适应时频信号分析的要求,从而可聚焦到信号的任意细节,这就称为小波变换的"数学显微镜"特性。即使对于非平稳过程,采用小波变换也能获得满意的处理结果。与传统的信号分析技术相比,小波变换还能在无明显损失的情况下,对信号进行压缩和去噪。

小波变换分成两大类:离散小波变换(discrete wavelet transform,DWT)和连续小波转换(continuous wavelet transform,CWT)。两者的主要区别在于,CWT 在所有可能的缩放和平移上操作,而 DWT 采用所有缩放和平移值的特定子集。

小波变换的公式有内积形式和卷积形式,两种形式的实质都是一样的。它要求的就是一个个小波分量的系数,也就是"权"。其直观意义就是首先用一个时窗最窄、频窗最宽的小波作为尺子去一步步地"量"信号,也就是去比较信号与小波的相似程度。信号局部与小波越相似,则小波变换的值越大,否则越小。当比较完成后,再将尺子拉长一倍,继续去一步步地比较,从而得出另一组数据。如此循环,最后得出的就是信号的小波分解(小波级数)。

当尺度及位移均发生连续变化时,必将产生大量数据,实际应用时并不需要这么多的数据,因此就产生了离散的思想。将尺度做二进制离散就得到二进小波变换,同时也将信号的频带做了二进制离散。当觉得二进离散数据量仍显大时，同时将位移也做离散就得到了离散小波变换。

（一）离散小波变换的原理

离散小波变换能将数字图像变换为一系列小波系数，这些系数可以被高效地压缩和存储。此外，因为小波变换消除了 DCT 压缩普遍具有的方块效应，因此小波的粗略边缘可以更好地表现图像。下面对其基本原理进行简要介绍。

设 $f(x)$ 为一维离散信号，记 $\varphi_{jk}(x)=2^{-j/2}\varphi(2^{-jx}-k)$，$\psi_{jk}(x)=2^{-j/2}\psi(2^{-jx}-k)$ 这里 $\varphi(x)$ 与 $\psi(x)$ 分别称为定标函数与子波函数，$\{\varphi_{jk}(x)\}$ 与 $\{\psi_{jk}(x)\}$ 为二个正交基函数的集合。记 $P_0f=f$，在第 j 级上的一维 DWT 通过正交投影 P_{jf} 与 Q_{jf} 将 $P_{j-1}f$ 分解为

$$P_{j-1}f = P_jf + Q_jf = \sum_k c_k^j \phi_{jk} + \sum_k d_k^j \psi_{jk}$$

式中

$$c_k^j = \sum_{n=0}^{p-1} h(n) c_{2k+n}^{j-1}, d_k^j = \sum_{n=0}^{p-1} g(n) c_{2k+n}^{j-1} \quad (j=1,2,\cdots,L, k=0,1,\cdots,N/2^j-1)$$

这里 $\{h(n)\}$ 与 $\{g(n)\}$ 分别是低通与高通权系数，它们由基函数 $\{\varphi_{jk}(x)\}$ 与 $\{\psi_{jk}(x)\}$ 来确定，p 为权系数的长度。$\{C_n^0\}$ 为信号的输入数据，N 为输入信号的长度，L 为所需的级数。由上式可见，每级一维 DWT 与一维卷积计算很相似。所不同的是，在 DWT 中输出数据下标增加 1 时，权系数在输入数据的对应点下标增加 2，这称为"间隔取样"。

在实际应用中，很多情况下采用紧支集小波（compactly supported wavelets），这时相应的尺度系数和小波系数都是有限长度的，设尺度系数只有有限个非零值：h_1，$\cdots$，h_N，N 为偶数，同样取小波函数使其只有有限个非零值：g_1，$\cdots$，g_N。为简单起见，设尺度系数与小波函数都是实数。对有限长度的输入数据序列：$c_n^0=x_n$，$n=1$，2，$\cdots$，M（其余点的值都看成 0），它的离散小波变换为

$$c_k^{j+1} = \sum_{n \in Z} c_n^j h_{n-2k}$$

$$d_k^{j+1} = \sum_{n \in Z} c_n^j g_{n-2k}$$

式中，$j=0$，1，$\cdots$，$J-1$，J 为实际中要求分解的步数，最多不超过 $\log_2 M$，其逆变换为

$$c_k^{j-1} = \sum_{k \in Z} c_k^j h_{n-2k} + \sum_{k \in Z} c_k^j h_{n-2k}$$

式中，$j=J$，$\cdots$，1。

采用二维离散小波变换实现对图像数据的处理，一般采用水平与垂直方向上的两次一维小波变换来实现，在具体实现过程中则用滤波器实现离散小波变换。如图 3-17 所示，S 表示原始的输入信号，通过两个互补的滤波器组，其中一个滤波器为低通滤波器，可得到信号的近似值 A，另一个为高通滤波器，可得到信号的细节值 D，再经过下采样（即图 3-17 中的"下"）即得到小波分解系数。

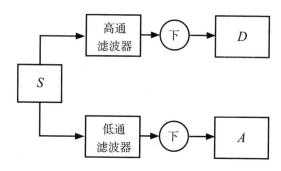

图 3-17　DWT 实现图像分解的示意图

离散小波变换具有可分离性、尺度可变性、平移性、一致性和正交性等特性。在二维图像信号的处理中，离散小波变换具有如下优点：

（1）能根据图像特点自适应地选择小波基，从而提高压缩比，而 DCT 不具有自适应性。

（2）可以充分利用 DWT 系数之间的空间相关性对系数建模，进一步提

高压缩比。

（3）可以对 DWT 生成的子带灵活地进行处理。

（二）离散小波变换在图像处理中的应用

1. 小波图像去噪

小波图像去噪的一般步骤如下所述。

（1）图像的小波分解：选择合适的小波函数以及适合的分解层次对图像进行分解。

（2）对分解后的高频系数进行阈值处理：对分解的每一层，选择合适的阈值对该层的水平、垂直和斜线三个方向的高频系数进行阈值量化处理。

（3）重构图像：根据小波分解的低频系数和经阈值量化处理后的高频系数进行图像重构。

2. 小波图像压缩

图像能够进行压缩的主要原因是：原始图像信息存在着很大的冗余度，数据之间存在着相关性；人眼作为图像信息的接收端，其视觉对于边缘急剧变化不敏感（视觉掩盖效应），以及人眼对图像的亮度信息敏感，而对颜色分辨率弱等。基于上述两点，开发出图像数据压缩的两类基本方法：一种是将相同的或相似的数据或数据特征进行归类，使用较少的数据量描述原始数据，达到减少数据量的目的，这种压缩一般为无损压缩；另一种是利用人眼的视觉特性有针对性地简化不重要的数据，以减少总的数据量，这种压缩一般为有损压缩。只要损失的数据不太影响人眼主观接收的效果，即可采用。

3. 小波图像增强

图像增强的主要目的是提高图像的视觉质量或者凸显某些特征信息。无论是对人类眼睛结构的剖析，还是基于计算机可视化技术的高级图像分析，图像增强都有着重要的作用。虽然图像增强技术不能增加图像数据本身包含的信息，但是可以凸显特定特征，使处理后的图像更容易识别。通常图像增强的目的主要是放大图像中感兴趣结构的对比度，增加可理解性，或者减少或抑制图像中混有的噪声，提高视觉质量。小波变换可以将图像分解为各个尺度上的子带图像，因为图像分解的低频部分体现了图像的轮廓，高频部分表现为图像的细节和混入的噪声，因此对低频部分进行增强，对高频部分进行衰减，可以实现图像增强的目的。

（三）双树复小波变换

传统的二维离散小波变换不具有平移不变性，其方向选择性也十分有限，在每一个尺度空间中只能被分解成三个方向的细节信息，即水平方向、垂直方向和对角方向。然而在某些特定的情况下，需要对图像的某些方向上的纹理或边界进行描述，此时传统的二维小波变换就无法满足需求。为了克服此缺点，1998 年，英国剑桥大学的 Kingsbury 等提出了双树复小波变换（Dual-Tree Complex Wavelet Transform，DTCWT）。它是在复小波变换的基础上发展起来的，不仅具有传统小波变换的优良的特性，还能够更好地描述图像的方向性信息。

双树复小波变换是通过实数小波变换来实现复数小波变换的，它将复小波的实部和虚部分开，通过两组并行的实数滤波器组来获取小波变换系数的实部和虚部，这样通过实数的小波变换实现了复小波变换。

如图 3-18 所示，通过两组并行的实数滤波器组实现双树复小波变换，图中"下"代表下采样，"Tree A"和"Tree B"分别代表复小波的实部和虚部，它们分别采用不同的滤波器组。

二维双树复小波变换与二维离散小波变换类似，都是通过小波张量积来实现拓展的。在对图像进行二维双树复小波变换时，方法与二维离散小波变换相同，都是先对图像的行进行一维的双树复小波变换，然后再对列进行变换。

双树复小波变换具有良好的方向选择性，并且其振幅没有振荡特性，代价小。由于其显著改善了离散小波变换的平移敏感性和方向选择性，所以双树复小波变换已经应用在包括图像降噪、分割、增强、分类、特征提取、纹理分析、运动估计、编码、水印和稀疏表示等许多方面。

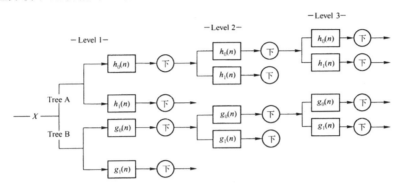

图 3-18　一维双树复小波变换的分解示意图

（四）轮廓波变换

小波变换虽然具有多尺度特性，但是不能有效地表示信号中带有方向性的奇异特征。为解决这一问题，Candes 建立了脊波理论，脊波变换的主要缺陷在于不能处理曲线奇异性。为解决此问题，单尺度的脊波变换应运而生，其主要原理是采用剖分的方法，用直线逼近曲线。曲波在单尺度脊波的基础上发展而来。曲波变换能够有效捕捉曲线的奇异性，但离散化较困难。于是 M. N. Do 和 Martin Vetterli 于 2003 年提出一种类似于曲波方向性的 Contourlet(轮廓波，简称 CT) 变换，其最大特点是直接产生于离散域。目前 CT 在图像处理领域的应用日渐增多，研究成果不断涌现。

CT 是一种新的多尺度几何分析方法，基本原理是在多尺度的基础上实现方向信息的提取。如图 3-19 所示，CT 通过多尺度分解和多方向分解两部分实现，首先利用拉普拉斯金字塔（Laplacian Pyramid，LP）对图像进行多尺度分解获得多分辨率特性，即实现奇异点的分离任务（LP 结构可将二维图像分成低通和高通两个子带），再用方向滤波器组（Directional Filter Bank，DFB）对各尺度的高通子带进行多方向分解，即完成奇异的收集，将方向基本相同的奇异点收集到一个基函数上进行更集中的描述，合成为

CT 系数。LP 与 DFB 结合形成的双层滤波器组结构称为塔形方向滤波器组
（Pyramidal Direction Filter Bank，PDFB）。图中，H_i 和 L_i 构成了拉普拉斯
金字塔滤波器。

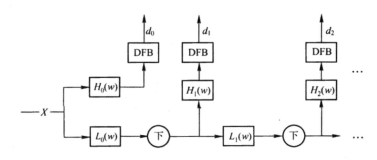

图 3-19　CT 对信号的分解过程示意图

CT 是小波变换的一种新扩展，具有多分辨率、局部定位、多方向性和
各向异性等性质，其基函数分布于多尺度和多方向上，少量系数即可有效
地捕捉图像中的边缘轮廓。此外，其冗余度也很低，使得该变换能应用于
许多图像处理领域。CT 之所以适用于描述自然图像，是因为自然图像中物
体的方向信息和纹理信息能够有效地被变换域的基函数简便表示，并能够
快速逼近，同时还避免了扰频现象。

第四章 Photoshop 图像处理基础

第一节 Photoshop 软件的操作界面

一、Photoshop 的窗口外观

启动 Photoshop 软件之后，在 Photoshop 的桌面环境的文件菜单上选择
"打开"命令，打开一幅图像，如图 4-1 所示。Photoshop 界面主要包括标题
栏、菜单栏、工具选项栏、工具箱、图像窗口、工作区域、面板和状态栏等。

图 4-1 Photoshop 的桌面环境

二、标题栏与菜单栏

Photoshop 的标题栏在操作界面的顶部，用来显示应用软件的名称，即

Photoshop Extended。当编辑的图像文件最大化时，后面还会出现当前编辑的文档的名称、缩放比例与色彩模式等信息。

菜单栏如图 4-2 所示。

文件(F)　编辑(E)　图像(I)　图层(L)　文字(Y)　选择(S)　滤镜(T)　3D(D)　视图(V)　窗口(W)　帮助(H)

图 4-2　菜单栏

菜单栏在标题栏的下面，共有 11 个主菜单选项，提供了 Photoshop 的主要功能。主菜单的选项有文件（F）、编辑（E）、图像（I）、图层（L）、文字（Y）、选择（S）、滤镜（T）、3D(D)、视图（V）、窗口（W）和帮助（H）。当要使用某个菜单命令时，只需将鼠标指针移动到菜单名上单击，即可弹出下拉菜单，其中包含了这个菜单中的所有命令，可以从中选择所要使用的命令。菜单的形式与其他基于 Windows 的应用软件的菜单一样，都遵守共同的约定。即如果某菜单项呈现暗灰色，则该菜单项在当前状态下不能使用；如果某个菜单项后面有个箭头，则表示该菜单项有下级子菜单；如果某菜单项后面有省略号，则表示单击该菜单项后会出现对话框；如果菜单项后面有个钩，则说明该菜单项已经选定。有些菜单命令有快捷键，标识在菜单项的后面，可以直接使用快捷键来执行菜单命令，从而提高工作效率。Photoshop 也提供了快捷菜单，在操作界面中的任何地方单击鼠标右键，都可以调出快捷菜单。快捷菜单根据右击的位置不同和编辑状态的不同而有所差异，但它列出了当前状态下最可能要进行的操作命令。

三、工具箱与工具选项栏

在操作窗口界面的左边，有一个工具箱，存放着用于创建和编辑图像的各种工具，如图 4-3 所示。

工具箱从上到下分别是："选择工具""绘制与编辑工具""路径与文字工具""显示缩放与移动工具""前景色与背景色编辑工具""前景色与背景

色切换工具"快速蒙版切换模式工具""屏幕模式切换工具"按钮。利用图像编辑工具栏内的各种工具，可以进行文字的输入、选择选区、编辑图像、注释与查看图像等操作。

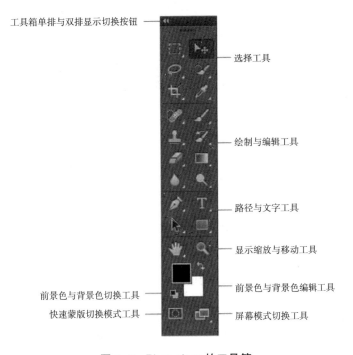

工具箱单排与双排显示切换按钮

选择工具

绘制与编辑工具

路径与文字工具

显示缩放与移动工具

前景色与背景色切换工具

前景色与背景色编辑工具

快速蒙版切换模式工具

屏幕模式切换工具

图 4-3　Photoshop 的工具箱

　　Photoshop 的工具箱可以显示，也可以隐藏，单击"窗口"菜单，在弹出的下拉菜单中取消"工具"选项前面的钩，就可以隐藏工具箱。再次单击"窗口"菜单下的"工具"选项，就可以显示工具箱。如果要移动该工具箱，则可以用鼠标单击工具箱顶部并按住鼠标不放，就可以移动工具箱到屏幕的任何部位。如果将鼠标在工具箱内的某一按钮上稍停片刻，该按钮的名称和相应的快捷键就会显示出来。

　　在很多工具的右下方均有三角形标记，即该工具下还有其他类似的工具组。工具组内的各工具是可以互相切换的，用鼠标单击（左键或右键）工具组即可调出组内不同的工具，再单击组内某个按钮即可完成工具组内的工具切换。选取工具组内的各工具，如图 4-4 所示。

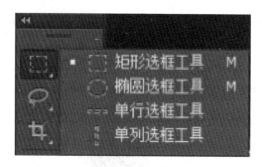

图 4-4 工具组

当选择使用某工具，工具选项栏则列出该工具的选项；按工具上提示的快捷键就可以使用该工具，同时按 Shift 键和工具上提示的快捷键切换字母键，可以选用相应的工具。按 Tab 键可以显示或隐藏工具箱、工具选项栏和调板等，按 F 键可以切换屏幕三种模式（标准屏幕模式、带有菜单栏的全屏模式、全屏模式）。

工具选项栏在菜单栏下面，其主要功能是设置各工具的参数，对工具的属性进行定义。工具选项栏与上下文有关，并且会随所选的工具不同而发生变化。如选中文字工具"T"后，其选项栏如图 4-5 所示。

图 4-5 工具选项栏

工具选项栏分为三部分：头部区在最左边，用鼠标拖动它，可以移动工具选项栏的位置；工具按钮在头部区的右边，通常有向下的箭头可以调出相应菜单；参数设置区由一些按钮、复选框和下拉列表框等组成。工具选项栏内的一些设置都是通用的，但也有一些设置则专门用于某个工具。如用于铅笔工具的"自动抹掉"设置就是如此。

四、图像窗口和状态栏

图像窗口也叫画布窗口，是用来显示图像、绘制图像和编辑图像的窗口。图像窗口的排列如图 4-6 所示。在图像窗口的标题栏上，除了图像的名字外，还有缩放比例和色彩模式等信息。当图像窗口最大化时，这些信息会在主窗口的标题栏上合并。在 Photoshop 中可以同时打开多个图像文档进行编辑，但只能在一个窗口内进行操作。单击某个图像窗口的内部或者标题栏即可选择该图像窗口，使其成为当前窗口。多个图像窗口可以通过"窗口"菜单下"排列"子菜单中的各个命令进行调节，如"平铺"、"层叠"或"在窗口中浮动"等。对于已经最小化的图像窗口，可以通过"排列"中的一些命令使其重新排列。

状态栏位于窗口的最底部，主要用于显示图像处理的各种信息，例如图像的尺寸、通道类型、分辨率大小等，如图 4-7 所示。状态栏最左边的是图像显示比例的文本框，该文本框内显示的是当前图像窗口内图像的显示百分比，可以通过选中该文本框并双击鼠标来修改显示比例。状态栏上还显示当前图像窗口内图像文件的大小、虚拟内存的大小、效率，当前使用的工具等信息。状态栏上有个下拉菜单按钮，单击它可以调出状态栏选项的下拉菜单。在操作过程中，状态栏还可以显示当前选中工具的操作方法或者工作状态。

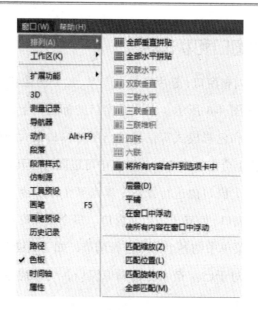

图 4-6　图像窗口的排列

宽度: 800 像素(2032 厘米)
高度: 415 像素(1054.1 厘米)
通道: 3(RGB 颜色, 8bpc)
分辨率: 1 像素/英寸

文档:972.7 K/963.5K

图 4-7　状态栏

五、面板

Photoshop 中的面板是极其重要的图像处理辅助工具，如图 4-8 所示。它是 Photoshop 特有的界面形式，可用于监视与修改图像。由于它可以方便地拆分、移动和组合，所以也可以把它叫作浮动面板。要完成 Photoshop 的制作，面板的应用是必不可少的。Photoshop 提供了 26 个左右的面板，其中，最重要的是"画笔""图层""通道""路径""色板""颜色"等，所有面板都可以在"窗口"菜单中找到。

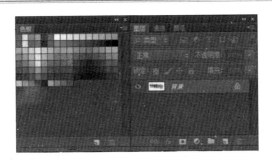

图 4-8 面板

在默认情况下，面板均以面板组的方式堆叠在面板组中，要使用某一个面板，用鼠标单击该选项卡，或者从"窗口"菜单中选择该面板的名称，它就会显示在其所在组的最前面。面板的右上角均有一个黑色箭头按钮，单击该按钮可以调出面板菜单，利用它可以扩充面板的功能。双击面板的标题栏，可以将面板收缩，再次双击标题栏，则可以将面板展开。

如果用鼠标选中某个面板组中的面板标签并拖动，就可以将该面板移出面板组，用鼠标拖动面板标签到其他面板组中，就可以合并面板。面板的位置移动与窗口大小的调整与 Windows 中的窗口操作相同，如果要将各面板恢复到系统默认的状态，可单击"窗口"菜单下的"工作区"子菜单中的"复位基本功能"命令即可。展开的工作区菜单如图 4-9 所示。

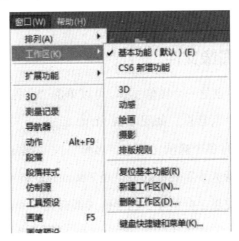

图 4-9 展开的工作区菜单

Photoshop 可以将当前的工作状态保存起来，以便下一次打开 Photoshop 能立即使用自己熟悉的工作环境。其操作是单击"窗口"菜单下的"工作区"子菜单下的"新建工作区"命令，可以调出"新建工作区"对话框，如图 4-10 所示。在对话框中输入储存工作区名称，单击"存储"按钮，就可以将当前工作状态保存起来。对于已经储存起来的工作区可以删除。在多个工作区也可以方便地进行切换，其操作都是通过"窗口"菜单下"工作区"子菜单下所包含的命令与选项来完成。

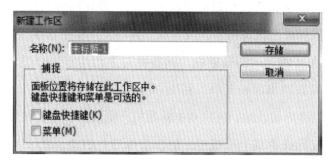

图 4-10　"新建工作区"对话框

第二节　文件的创建与系统优化

一、新建图像文件

在 Photoshop 中创建一个图像文件，可以单击"文件"菜单下的"新建"命令，调出"新建"对话框，如图 4-11 所示。

在该对话框中有多个选项，其中"名称"文本框用于输入图像文件的名称；右侧的"图像大小"后面的数值是 Photoshop 自动计算出来的，其大小与文件的高度、宽度、分辨率、色彩模式都有关。

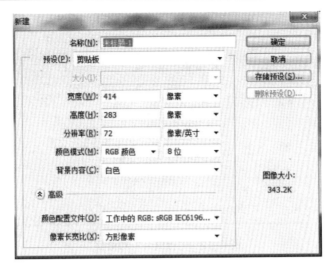

图 4-11 "新建"对话框

在"预设"栏的各选项中，"宽度"与"高度"用来设置图像尺寸的大小，可以选择像素、英寸、厘米等单位。"分辨率"是指图像的分辨率，根据需要来设置，如果新建的图像只是在计算机上使用，就可以将图像的品质设置得高一点，但一般都是 72 像素 / 英寸。如果需要打印或者印刷，则需要根据要求来设置，一般为 300 像素 / 英寸。"颜色模式"是指图像的色彩模式，可以根据需要进行选择，"位"是指颜色位深度，一般有 8 位、16 位、32 位图像。"背景内容"选项组中，"白色"选项是指打开白色背景；"背景色"选项是指以工具箱中所设置的背景色作为新文件的背景色；"透明"选项则将背景色设置为透明，显示为灰白相间的棋盘图案。各选项设置好后，单击"确定"按钮，即可建立一个新的图像文件。

二、保存图像文件

Photoshop 支持多种文件格式，因此可以根据需要将图像保存为不同格式的文件。对所要保存的文件，可以按以下步骤进行操作：

单击"文件"菜单下的"存储"命令。如果还未对图像文件命名，则会弹出"存储为"对话框，具体参数设置如图 4-12 所示。

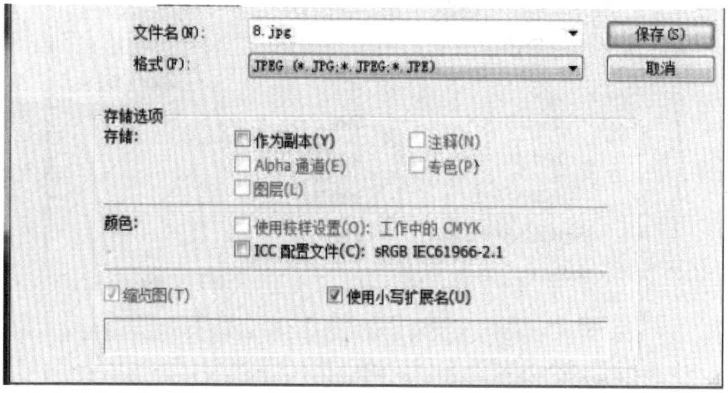

图 4-12　"存储为"对话框

利用这个对话框，可以根据需要选择文件存储的路径、文件名、文件格式等，还可以确定是否保存图像的图层、通道与 ICC 配置文件。如前所述，保存图像文件时只有采用 Photoshop 格式，即 PSD 格式，才能保存图像的图层、通道与蒙版等。如果保存为 TIFF 格式，则只能保存图像的通道等。各选项设置好后，单击"保存"按钮，即可将文件保存。

三、打开图像

在 Photoshop 中要打开原有的图像，可以单击"文件"菜单中的"打开"命令，或者在窗口中双击就会弹出"打开"对话框，如图 4-13 所示。

在"打开"对话框中，默认的文件类型是所有格式，因此，在当前文件夹下的所有文件都会显示出来。如果从下拉列表框中选择某种文件格式，则只显示当前文件夹下相应格式的文件。在当前文件夹下选择某一文件名时，"打开"对话框下面部分会显示所要打开文件的预览图及其文件的大小。

图 4–13　　"打开"对话框

四、图像文件的显示与辅助工具

1. 图像文件的显示控制

Photoshop 提供了许多工具，如抓手工具、缩放工具、缩放命令和导航面板等，让使用者可以十分方便地按照不同的放大倍数查看图像的不同区域。下面分别做简要介绍。

（1）使用工具箱的抓手工具来改变图像的显示部位。当打开的图像很大，或者操作中将图像放大，以至于窗口中无法显示完整的图像时，如果需要查看图像的各个部位，就可以使用抓手工具来移动图像的显示区域。使用时，先单击工具箱的"抓手工具"按钮，再在画布窗口内的图像上拖动鼠标，即可以调整图像的显示部位。如果双击工具箱的"抓手工具"就可以使图像尽可能大地显示在屏幕中。抓手工具的选项栏上有四个按钮，它们分别是"实际像素""适合屏幕""填充屏幕""打印尺寸"，如图 4-14 所示。"实际像素"是指使窗口以 100% 的比例显示，与双击"缩放工具"的效果相同。"适合屏幕"是指使窗口以最合适的大小和显示比例显示，以完整地显示图像。"打印尺寸"是指按图像 1 ∶ 1 的打印尺寸显示。

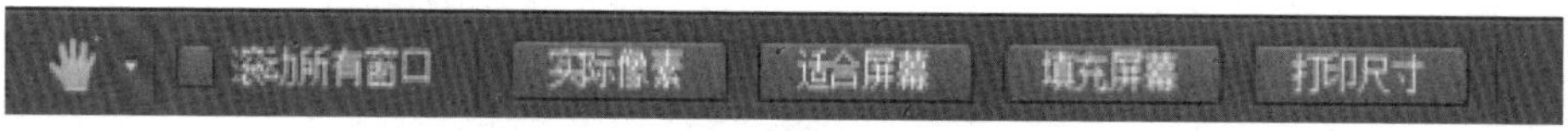

图 4-14　抓手工具选项栏

（2）使用导航器面板改变图像的显示比例和显示部位。通过导航器面板来改变图像显示比例与显示部位是最为简便的方法，如图 4-15 所示。导航器面板下方显示了当前图像的显示比例，可以拖动右侧的三角形滑块或者改变文本框内的数值来改变显示图像的比例。导航器正中显示的是当前编辑图像的缩略图，中间的矩形表示的是工作区中图像窗口中的显示部位，当图像大于画布时，可以拖动矩形，改变图像窗口中的显示部分。

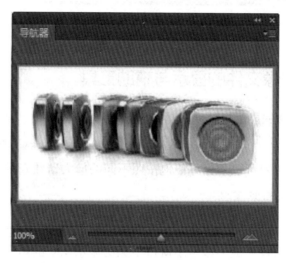

图 4-15　导航器

（3）使用菜单命令改变图像的显示比例。在"视图"菜单中，有"放大""缩小""满画布显示""实际像素""打印尺寸"命令。通过这些菜单命令的使用，可以改变图像的显示比例。

（4）使用工具箱的"缩放工具"改变图像的显示比例。单击工具箱上的"缩放工具"按钮，再单击画布窗口的内部，就可以将图像显示比例放大。按住 Alt 键，并单击画布窗口的内部即可将图像显示比例缩小。用鼠标拖动选中图像的一部分，即可使该部分图像布满整个画布窗口。

2. 标尺、参考线与网格

标尺、参考线与网格都是用来图像定位与测量的工具。

（1）标尺是用来显示当前鼠标所在位置的坐标，使用标尺可以更准确地对齐对象与选取范围。使用标尺的效果图如图 4-16 所示。

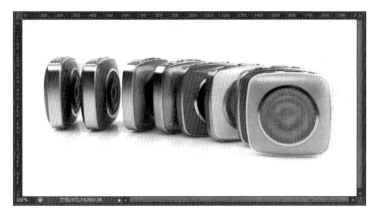

图 4-16　使用标尺的效果

需要使用标尺时，单击"视图"菜单下的"标尺"命令。就会在窗口顶部与左边出现标尺。默认状态下，标尺的原点在窗口的左上角，坐标为（0，0）。鼠标在图像窗口移动时，水平标尺与垂直标尺上会出现一条虚线，该虚线所在位置的坐标会随着鼠标的移动而移动。

标尺的刻度单位一般情况下是厘米，也可以调整。双击标尺，就会弹出一个"首选项"对话框。在该对话框中，可以根据需要设置相关参数，如图 4-17 所示。

图 4-17 "首选项"对话框

（2）参考线是浮在整个图像上但不打印的线，它可以更方便地对齐图像，并可以移动、删除、锁定参考线。使用参考线的效果如图 4-18 所示。

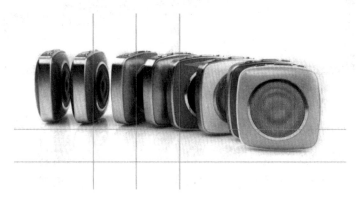

图 4-18 使用参考线的效果

参考线的优点是可以任意设置它的位置。在"标尺"上单击，再拖动鼠标到窗口内，即可产生垂直或水平的蓝色参考线；也可以单击"视图"菜单下的"新建参考线"命令，调出"新建参考线"对话框，利用对话框设置新参考线取向与位置后，单击"确定"按钮，就可以在指定位置设置参考线。

要移动参考线，只要按住 Ctrl 键并拖动参考线即可实现，或者选取移动工具也可以实现参考线的移动。改变参考线的显示与隐藏状态，可以单击"视图"菜单下"显示"子菜单中的有关命令即可。清除与锁定参考线，同样可以分别使用"视图"菜单下的"锁定参考线"与"清除参考线"命令即可。如果需要对参考线默认的颜色进行修改，可以调用"编辑"菜单下"首选项"子菜单下的"参考线、网络和切片"命令，在打开的"首选项"对话框里进行设置。

（3）网格的主要作用是对齐参考线，以便在操作中对齐物体，网格也不会随图像输出。单击"视图"菜单下的"显示"子菜单中的"网格"命令，即可在画布窗口内显示出网格来，如图 4-19 所示。再次单击"视图"菜单下的"显示"子菜单中的"网格"命令，即可取消画布窗口内的网格。当网格容易与图像混淆时，需要重新设置网格。此时，应单击"编辑"菜单的"首选项"子菜单中"参考线、网格和切片"命令，在调出的"首选项"对话框中，可以对网格的颜色、样式、间隔线以及子网格进行设置，达到满意效果为止。

图 4-19 显示网格的效果

五、系统优化设置

在菜单中执行"编辑—首选项"命令，可以对 Photoshop 软件系统进行优化，通过设置首选项参数，设置适合自己的系统状态，以提高工作效率，培养工作习惯，其快捷键为 Ctrl+K，执行命令后会打开首选项对话框。其中，常规设置包括以下几个。

（1）界面：对软件的主工作界面颜色方案、标准屏幕模式、全屏模式、文字等进行设置，一般使用默认值。

（2）文件处理：对文件存储选项、文件兼容性等进行设置。

（3）性能：对 Photoshop 软件在计算机系统中使用时可占用的最大内存空间进行设置，可使用的内存越大软件运行速度越快。对历史记录、高速缓存级别和高速缓存拼贴大小进行设置：历史记录默认步数为 20 步，最大值为 1 000 步；高速缓存级别用于提高屏幕重绘与直方图显示的速度；高速缓存拼贴大小是 Photoshop 一次存储或处理的数据量。性能参数设置如图 4-20 所示。

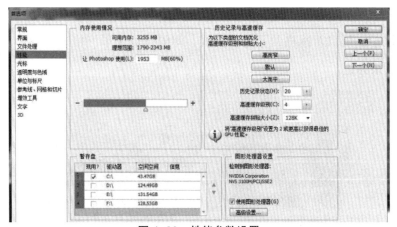

图 4-20　性能参数设置

（4）光标：对 Photoshop 软件使用画笔时光标的颜色与笔尖等的设置。

（5）透明度与色域：对透明画布及透明图像的透明色块的颜色与大小等的设置。

（6）单位与标尺：对标尺的优化及标尺单位的更改等的设置。

（7）参考线、网格和切片：对参考线、网格线、切片状态等内容的设置。

（8）增效工具：用来加载或管理由 Adobe 和 Adobe 产品的第三方开发商提供的创建特殊图像效果或创建更高效工作流程的工具。

（9）文字：对文字进行优化设置。

（10）3D：用来设置可以用于 3D 效果的帧存储器、刷新存储器所占用的内容空间，交互式渲染的方式；用来设置阴影的品质，3D 叠加等参数，如图 4-21 所示。

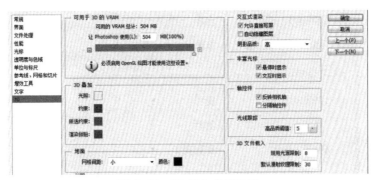

图 4-21　3D 叠加参数设置

六、图像尺寸的控制

1. 改变图像尺寸

以上所述只是改变图像的显示比例，并没有改变图像的实际大小。改变图像大小可通过以下方法实现。单击"图像"菜单下的"图像大小"命令，调出"图像大小"对话框，如图 4-22 所示。

在"图像大小"对话框中，第一个选项组是"像素大小"。在该选项组中，可以直接在文本框中修改图像的高度与宽度像素值，也可以通过在右侧的下拉列表框中选择"百分比"来设置图像与原图像大小的百分比，从而确定图像的高度与宽度。

"图像大小"对话框中的第二个选项组是"文档大小"，在这里可以直接在文本框中输入数字来设置图像的高度、宽度与分辨率，可以在右边的下拉列表框里设置单位。图像的尺寸与分辨率是紧密相关的，同样尺寸的图像，分辨率越高图像就会越清晰。当图像的像素数固定时，改变分辨率就会改变图像的尺寸。同样，如果图像的尺寸改变，则图像的分辨率也随之变动。

在"图像大小"对话框中，如果选中"约束比例"复选框，则改变图像的高度，就会使宽度等比例的改变。

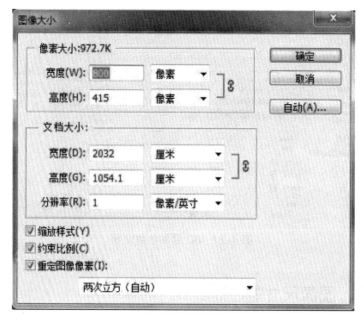

图 4-22　"图像大小"对话框

2. 设置画布大小

调整画布大小是为了加大或缩小屏幕上的工作区，可以在不改变图像大小的情况下实现。单击"图像"菜单下的"画布大小"命令，可以调出"画布大小"对话框，如图 4-23 所示。

在"画布大小"对话框中，"当前大小"选项组显示了当前图像文件的实际大小。"新建大小"选项组中设置调整后的图像高度与宽度。其默认值是"当前大小"。如果设置的高度与宽度大于图像的尺寸，Photoshop 会在原图的基础上增加画布面积，反之则会缩小画布面积。"相对"复选框表示"新建大小"中显示的是画布大小的修改值，正数表示扩大画布，负数表示缩小画布。"定位"选项组中，确定图像在修改后的画布中的位置，有 9 个位置可以选择，其默认值为水平与垂直都居中。

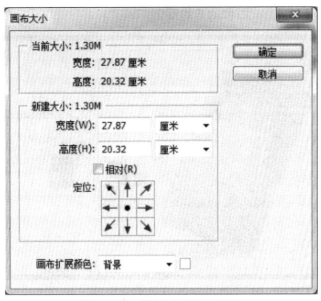

图 4-23 "画布大小"对话框

3. 图像的裁减

将图像中的某一部分剪切出来，就需要用到"裁切"命令。其方法是，首先使用"选取"工具将图像中要保留的部分选出来，然后选择"图像"菜单中的"裁切"命令。图像会自动以选区的边界为基准，用包围选区的最小矩形对图像进行裁切。

除了"裁切"命令之外，Photoshop 还专门提供了功能强大的"裁切工具"选项，不仅可以自由控制裁切范围的大小和位置，还可以在裁切的同时对图像进行旋转和变形等操作，如图 4-24 所示。其操作过程如下所述。

图 4-24 "裁切工具"选项

首先，在工具箱中选择裁切工具，移动鼠标指针到图像窗口中，按住鼠标左键并拖动，释放鼠标后就会出现一个四周有 8 个控制点的裁切范围框，如图 4-25 所示。其次，选定范围后，将鼠标指针放在控制点附近，可对裁切区域进行旋转、缩放和平移等操作，也可对其进行修改。最后，在裁切区域内双击，完成图像的裁切操作。

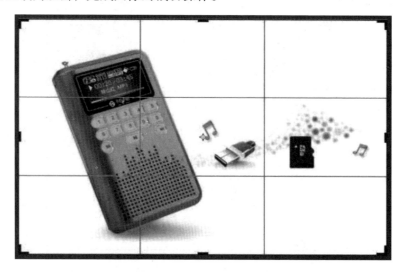

图 4-25　裁切工具的运用

对图像裁切更多的设置，可以充分运用"裁切工具"的选项，其中包括了对裁切后图像大小、分辨率、不透明度等的设置。

第五章 计算机图像处理技术理论与创新

第一节 计算机图像处理技术理论

一、图像处理技术

随着科技进步，图像处理技术也在与时俱进。图像处理技术由特征提取和图像分割两部分。其中，图像分割中的语义分割是其充满魅力和挑战的一部分，它要求给定一张图片，机器能自动分割并识别出其中的内容。该技术已经广泛应用于无人机和自动驾驶技术中。本节围绕图像处理技术进行探索，主要介绍了图像处理中特征提取和图像分割中常用的技术，基于 ORB 特征提取技术和语义分割技术。

（一）特征提取

特征是像素梯度变化较大的点，具有尺度不变性、亮度不变性、旋转不变性的特点。特征提取的过程为特征定位和特征描述，特征定位即识别出给定图像中特征所处的位置，用一种特定的方法将特征描述出来称为特征描述。

ORB 特征：ORB 方法特征定位用的是 oFAST 方法，是对 FAST 方法的改进，改进主要有四个方面：特征计算的简化、非最大值抑制、金字塔、方向。该方法中仅计算 1，5，9，13 位置和中心点是否相同，超过三个不同就认为该区域内有特征。非最大值抑制即选取周围一圈中和中心点累计差距最大的像素点为特征，主要是为了简化后续的计算。FAST 方法并没有尺度不变性，oFAST 方法加入了金字塔（把一幅图片不断缩小）用来改善这一缺点，金字塔方法是特征提取当中十分常见的解决尺度不变性的方法。oFAST 方法把坐标系增加了旋转角度很好地解决了 FAST 方法没有旋转不变性的问题。

ORB 方法特征描述用的是 rBRIEF 方法，rBRIEF 是对 BRIEF 的一些改进，在特征处提取不同的点对，点对是满足高斯分布的二维随机数。设定 T，A 位置的像素比 B 位置的像素高，T 就置为 1，否则为 0，所以每个点对在每个特征处对应不同的值，得到一个矩阵记为 M，然后计算每一列的均值，以均值接近 0.5 的程度进行重新排序，越接近 0.5 越靠前。把矩阵 M 里的第一列放到 R 矩阵中，然后去算矩阵 M 第二列和 R 的相关系数，如果相关系数小于已经设定好的阈值 K，就认为矩阵 M 第二列的数据是比较好的，就接受其放入 R 中，如果大于阈值 K 就舍弃这一列。以此类推，进行下一列的判断。

（二）图像分割

图像分割作为很热门的研究领域，应用十分广泛。图像分割主要操作是把图像中人们感兴趣的、有用的画面从整个图像中分割出来，便于之后的图像分析。图像分割的方法很多，利用了各种数学理论，关键是找出一些特征，按所找特征将图像分割方法分为阈值分割、边缘检测、区域分割、直线检测等，这几种方法都有不同的特点和使用范围，但并没有适用于所有图像的通用方法。

按照分割目的，图像分割可以分为三种：普通分割、语义分割、实例分割。其中语义分割较困难，不仅要把不同物体分割开，还要指出分割出的每一个区域是什么类型。

N-Cut 技术。阈值分割是常见的处理方法，即设置一个阈值将灰度差异较大的前景和背景分割开，阈值选取是阈值分割的关键，阈值过低就会将很多目标点归为前景，反之相反。N-Cut 就是阈值分割的一种，现已广泛应用于计算机视觉领域。每次运行 N-Cut，只能切割一次图片，需要多次运行才与分割出图像上的多个物体。该技术简单且速度快，是较早的图像分割方法，但在分割时会出现很多不理想的情况，如过分割和前分割。在分割颜色差别大的物体时，往往会分割不准确，导致部分人们感兴趣的区域留在背景中。

Grab-Cut 技术。该技术属于"图划分"的分割方法，主要用于图像编辑中的抠图，和 PS 中的套索工具类似，是对 Graph-Cut 技术的改进，在分割时使用了人机交互，需要人为地事先输入前景点和背景点，随着迭代次数的增加，效果会逐渐变好。但由于需要人工干预不能实时处理导致分割速度慢。如果目标图像和背景颜色差异不大，会导致分割效果不好，此时需要手动进行标注，再次运算后便能得出更好的结果。

（三）图像处理技术

图像处理技术是当前计算机专业研究的热门方向之一，其在航空航天、生物医学、通信工程、机器视觉、科学可视化、电子商务、工业工程、军事安全、文化艺术等各个方面都有着广泛的应用前景。目前其常用处理方法众多，各有特点。此处简单介绍了其中常见的几种方法。未对当前热门方法进行全面介绍，还应继续学习，了解目前图形处理技术的最新动态。

二、图像处理与识别

图像处理与识别技术是信息时代的重要产物，其主要功能就是利用计算机处理大量的物理信息，可有效节省人力。图像处理与识别技术在我国众多领域得到了广泛的应用，为促进社会的发展做出了重要的贡献。本节主要对图像处理与识别技术的特点以及应用进行分析，然后简要阐述发展方向，为促进图像处理与识别技术的发展创造了有利的条件。

图像处理与识别二者之间是相互联系的，图像处理是图像识别的基础条件，图像识别又促进了图像处理技术的提升。通过计算机对图像进行处理、分析，最终达到需要的技术效果，能够对处理对象进行识别。图像处理与识别的最终目的是识别，文字识别、数字图像识别、物体识别是图像识别经历的 3 个阶段。在很多领域中，很多精细的对象用肉眼是无法满足需求的，此时就需要利用计算机的图像处理与识别技术，通过精细的技术代替人类处理大量的物理信息，提高识别效率，降低错误率。

（一）图像处理与识别技术的原理及优势

图像处理与识别技术其实与人类的图像识别原理相似，人类的图像处理与识别也是首先对看到的事物有一个直观感受，其次经过大脑的加工和处理将这些信息存储起来，再次看到相同的事物时就会从大脑中提取出来，这就是人类的图像处理与识别的过程。计算机的图像处理与识别过程与人类相似，只是在观察图像时没有人类的感受，利用计算机的优势，在信息加工、存储以及提取的速度方面更快、容量更大、细节更加精细。所以用计算机图像处理与识别技术可以代替人类处理大量烦琐的事务，效率更高。利用计算机进行图像处理与识别技术还有重要的模式识别，运用数学思想中的统计与概率进行统计模式识别、句法模式识别、模糊模式识别，与人脑相比具有很大的优势。

（二）图像处理与识别的过程

计算机图像处理与识别的过程与人类的图像识别原理相似，主要有信息的获取、预处理、特征抽取和选择、分类器设计和分类决策几个步骤。信息的获取是通过传感器将光或者声音等信息转换为电信息，将研究对象的基本信息转换为机器可以识别的信息;在获取信息后，要对图像进行去燥、平滑及变换等处理，从而突出图像中的重要特征，便于下一步的特征抽取;在预处理后，图像中的重要特征都会显示出来，然后通过设定的程序对这些特征进行识别，识别后要分别抽取不同的特征，在实际操作中，会根据需要选择有用的特征。特征的抽取与选择是图像识别中最为重要的环节，直接关系到图像识别的结果。分类器设计是指通过训练而得到一种识别规则，通过此识别规则可以得到一种特征分类，使图像识别技术能够得到高识别率。分类决策是指在特征空间中对被识别对象进行分类，从而更好地识别所研究的对象具体属于哪一类。

（三）计算机图像处理与识别技术的应用

1.计算机图像处理与识别技术在交通领域的应用

为了确保交通系统的高效运行，应用图像处理与识别技术可构建全方位、动态、高效的地面运行管理系统，促进质量交通的发展，有效改善交通混乱的现象。车辆收费、道路拥挤、车辆失窃、车辆违章都是现代交通系统中存在的问题，利用图像处理与识别技术对车牌和车身进行识别，可高效处理这些问题，在促进智能交通的发展中发挥了重要的作用。

（1）图像处理与识别技术在车身颜色和形状识别方面存在的问题。在对车身进行颜色识别时，基于实验室的环境因素，会取得较好的成效，但是由于车辆的实际行驶环境会受到诸多因素的影响，如天气、光线、灰尘、噪声等，都会对识别率造成一定的影响。所以处于室外运动中的车辆颜色的非恒定性、运动目标不完全分割以及目标本身颜色的复杂性，都是影响车身颜色识别的重要因素，这是智能交通中图像处理与识别应该解决的问题。在对车身形状识别方面也存在一定的问题，由于车辆本身在尺度、方向以及位置上会发生相对变化，行驶的过程中受到不均匀速度的影响，其形状和大小在角度上会发生一定的偏差。同时，车辆间的遮挡、光照条件的变化等，都会对车身形状识别增加难度，所以对车身颜色和形状识别是图像处理与识别技术需要解决的重要问题，才能够更好地应用于智能交通领域中。

（2）图像处理与识别技术在车牌识别中的应用。车身颜色识别、车身形状识别以及车牌识别都是图像处理与识别技术在交通系统中的重要应用，经过图像处理与识别技术的发展，在车身颜色和形状方面的识别水平得到了大幅的提升，而对于车牌的识别包括了定位技术以及字符识别技术。车牌自动识别主要包括定位、分割以及字符识别几个部分，首先进行车牌特征提取，车牌像素特征提取是最为简单的方式，在图像扫描的过程中，对于黑色像素取值 1、白色像素取值 0，就能够得到维数与图像中像素点数相同的向量矩阵。但是这种方法的适应性不佳，所以还需要在适应性方面进行改善。对骨架特征进行提取具有较好的适应性，因为对图像线条进行统一宽度后会缩小差异性，通过计算机算法能够提取到车牌骨架的特征并得到向量矩阵。对车牌图像的特征点进行提取可以有效弥补其他方法中适应性差这个缺点，通过 13 点特征提取法能够降低因为角度变化而造成字符倾斜产生的误差。除了上述提车牌特征提取方法之外，图像处理与识别技术中还有梯度统计、弧度统计、角点提取等一系列特征向量提取方法。

车牌分割也是车牌识别技术中的重要部分，灰度转化是车牌分割的首要环节，通过车牌定位能够得到 256 色位图的图像，灰度转化能够避免因为颜色差异带来的不便，为下一步操作提供依据；经过灰度处理的车牌图像再进行二值化处理，可将图像灰度值处理为黑白两种颜色；车牌大多都是由摄像头拍摄的，所以会受到环境的影响而造成图像模糊的情况，通过梯度锐化处理能够使模糊的图像变得清晰；为了保证车牌识别的清晰度，还要去除离散的噪声。在摄像头拍摄车牌时，会因为角度问题而出现车牌倾斜的现象，对于这种现象，如果提示车牌字符像素的平均位置有较大差异，可通过图像左右像素得到平均高度，求出斜率后得到偏转角，然后重新组织坐标。车牌字符分割算法主要有垂直投影法、静态边界法以及连通区域法。这 3 种方法能够确定车牌字符的边界、分割得到车牌的清晰图像，但是各存在其优缺点，在实际使用中应该有所选择。

2.计算机图像处理与识别技术在安防领域中的应用

图像处理与识别技术在安防领域的应用，大大提高了安防效率。视频监控系统在安防工作中应用较为广泛，图像处理与识别技术在视频监控系统中的应用，能够实现自动监控，通过视频图像的采集，经过识别后能够为安防工作带来重要的参考依据。一方面大大减轻了工作人员的工作量，另一方面也有效提高了安防工作效率。

3.计算机图像处理与识别技术在农业领域中的应用

将计算机图像识别技术应用到农业生产当中，可以对植物的生长进行相应的监测与评价，同时还能够对农产品进行质检，对植物的生长进行全景图像的监控。当农作物发生病虫害时，可以通过计算机图像识别技术对病虫害的图像进行诊断，如茶叶种类分类、田间杂草识别、水果缺陷识别、粮虫检测技术等。粮食害虫会严重影响到粮食的质量，而传统的取样法、诱捕法、声测法、近红外反射光谱识别法都存在不同程度的欠缺，利用图像处理与识别技术，对粮食害虫进行检测可提高检测效率。

首先对粮虫图像进行预处理，预处理包括灰度化、二值化、平滑以及锐化几种方法。灰度化处理是利用最大值法、加权平均法以及平均值法将粮虫图像从彩色转换为灰色，方法操作简单，用三原色来描述灰度值。因为灰度化处理的目标图像与背景图像存在较大的差别，所以可用 0 和 1 分别表示目标图像和背景图像，这样有利于灰色图像与二值图像之间的转换。利用二值化进行粮虫图像处理，对象区域能够更加明显地显示出来，为后续工作的开展提供有利的依据。对图像进行平滑处理就是在相同的窗口放置图像，保证所有像素的灰度值平均，对中心部位像素的灰度值进行替代，即可完成平滑处理。通过加深图像的灰度颜色以及对比外援色彩数值，可有效提升图像的清晰度，达到图像锐化的目的。

在对图像进行预处理后，可得到高质量的图像，还需要利用边缘检测技术将图像中的目标和背景区分开来。利用局部差分算法进行 Roberts 边缘检测算子，通过互相垂直方向上的差分，Roberts 边缘检测算子能够计算梯度，在得到合适的阈值后，将梯度幅度和阈值比较，可得到阶跃边缘点，最终获取边缘图像。Sobel 边缘检测算子是对各个像素的领域加权差进行考察，加权差最大的点即为边缘点，Sobel 是检测效果最好的边缘检测。

对粮虫进行图像特征提取为粮虫识别提供数据支持，其中区域描述子特征的效果最好，一般包括以下 8 种区域描述子特征：图像中待识别对象面积像素点个数总和，待识别对象的周长，待识别对象面积占图像总体比例，待识别粮虫图像的最小外接矩形的宽度比上长度值，待识别对象紧凑性，反应待识别对象的复杂程度，等效面积圆半径，待识别对象长短轴长度之比。通过对粮虫图像的几何形态特征进行识别，可有效防止虫害，提高粮食存储质量。

（四）计算机图像处理与识别技术的发展

（1）趋于标准化和高速化。计算机图像处理与识别技术在多个领域的应用，大大提高了人们的生活质量，同时也带动了相关产业的进一步发展。在计算机图像处理与识别技术中，还有很多瓶颈需要克服，为了更好地发挥图像处理与识别的功能，不仅要在硬件方面有所升级，还需要在软件方面不断研发。为图像处理与识别系统配置更好的硬件，便于处理程序时在速度和容量方面的提升，逐渐向标准化和高速化方面发展。在软件方面，要在图像获取、分析、处理、存储这些方面加速研发，加快对三维景物的识别，更好地发挥图像处理与识别技术的优势。

（2）朝着多维化方向发展。基于二维处理的计算机智能化图像识别技术正在向三维处理甚至多维处理转变，这就预示着日后的图像识别处理将会更加准确。当下，计算机的硬件水平处于上升的过程，这就使得计算机智能化图像识别技术被广泛应用到生活中的每个领域，在今后的发展过程中，分类、整理被识别图像的详细信息并转化成清晰度较高的图片是计算机智能化图像识别技术的发展重点。

计算机图像处理与识别技术在我国很多领域中都得到了有效的应用，为促进社会的发展做出了重要的贡献。图像处理与识别是信息技术发展的必然产物，随着科学技术的快速发展，图像处理与识别技术水平还会提升，会更加标准化、高速化、多维化，为促进社会主义和谐社会的可持续发展奠定坚实的基础。

三、计算机图像处理技术

（一）计算机的概念

（1）计算机的由来。在多年之前，人们只能寄居在某一个地方，对外界的信息无从获知，导致社会文明很难进步。计算机的产生，使人们可以通过计算机获取外界的新鲜的信息，了解到国家时事，跟上时代的脚步，社会的发展才越来越快。

（2）计算机的定义。在计算机产生之后，经过越来越多的更新换代，现在的计算机越来越人性化，更能满足人们的日常需求，计算机是为服务社会、服务人民而发展的。计算机使人们的日常化信息处理变得简便，计算机处理技术也越来越全面，作为信息化时代的新型产物，计算机将更多的信息数字化，变成人们更好理解的语言传递给人们，计算机所应用的领域也越来越多，特别是在计算机图像处理的领域，也颇有建树。

（3）计算机技术。通过计算机领域工作人员的不懈努力，计算机技术已经在各行各业得到应用。常见的计算机技术有计算机辅助设计、计算机辅助教学、计算机辅助测试、计算机辅助制造。这些技术通常会应用于人们的日常生活中，以及最基本的计算机互联网技术，为人们获取信息知识提供了太多的方便。

（二）计算机图像处理技术

（1）计算机辅助设计技术。计算机辅助设计技术（简称：CAD）是计算机图像技术的一个重要部分，计算机辅助设计广泛应用于平面图形设计，以二维图像为基础，在二维图像的基础上构建三维模型，例如一些建筑设计、房屋构造，都会用到计算机辅助设计技术，计算机辅助设计可以帮助人们为要创建的建筑简单地构造一个图形，让人们对于建筑的雏形一目了然，三维的设计更具有立体化效果，这就使得可以更好地指导建筑工程的施工与平稳进行。计算机辅助设计技术的快速发展，推动了诸多行业的发展，人们可以利用计算机辅助设计来构建三维图形，再通过计算机进行信息处理与图像处理相结合，从而达到人们想要的图像效果。

（2）图像的识别、扫描与匹配。图像的识别、扫描与匹配是计算机图像处理技术当中的主要技术之一，图像的识别扫描与匹配三者的结合运用，可以很好地重现人的体貌特征，这项技术已经被多个领域所运用，比如医学图像领域。根据这项技术得到人的体貌特征，再对其进行对比。图像的识别、扫描与匹配技术的出现为图像进行处理奠定了现实基础。

（3）图像的复原和增强技术。图像的复原与增强技术的主要作用就是在一定程度上提高图像的质量水平，最终使呈现在人们眼中的图像变得更加清晰。图像的复原和增强的强化处理最重要的工作就是强化处理，对图像进行一系列的操作，主要是为后续的工作做铺垫，使后续的工作可以顺利地进行。强化工作就是对图像进行更进一步的处理及优化，使用最多的优化处理就是在一定程度上消除图像当中的噪声，加大图片的高频信号，使图像可以更加清晰。该技术主要应用于医学图像技术当中，医学对于图像的质量有很高的要求，不得有一丝的差错，所以这项技术在医学图像当中扮演了一个至关重要的角色。

（4）图像数字化。图像数字化技术的原理就是将图像进行数字化处理，它的最终目的就是将我们现实生活中的图像处理成为计算机可以存储的格式。图像的数字化处理是对图像处理，从而在其中获得有价值的数字。图像数字化处理后产生的数据量是非常庞大的，而这个问题可以通过计算机图像处理技术进行合理的处理。计算机图像处理技术主要就是对图像数据进行压缩、存储与传输，通过这样的方式对图像进行存储，这个方式可以对图像进行有效的存储，并且可以保证图像的真实性，使它不被破坏。

随着计算机技术的快速发展，计算机图像处理的相关技术也随之快速发展，计算机图像处理的相关技术已经被人类所广泛应用于现实生活当中。将计算机图像处理的相关技术应用到生物医疗当中，大大地提高医疗的准确性。计算机图像处理的相关技术应用到临床治疗当中，大大地提高临床治疗的准确性与治疗的效率。医学中有很多的设备，如 CT、磁共振、胃镜等设备，这些设备可以利用计算机图像处理的相关技术使设备当中所呈现的图像处理成为三维图像，可以使医者非常立体地观察到病人的病情，从而从很大程度上提高医疗的准确性，这项技术的存在可以使医生在对病人进行手术时更加精确，大大地提高手术的成功率。

四、基于深度学习的图像处理技术

随着计算机技术和信息技术的飞速发展，极大地推动了深度学习的发展，作为当前深度学习发展的主流趋势，人工智能、文字及图像识别等领域都有着极大的技术突破。智能时代的最大特点就是机器具有自主学习的能力，这是当前和未来科技发展的必然要求。基于此，本节结合具体的技术原理对深度学习应用于图像处理领域进行了分析，进一步地阐述了深度学习在图像处理方面的应用，为当前和未来的图像处理技术的发展提供一定的启发。

当前的时代是科学技术大爆发的时代，人工智能为人们的生产生活带来了翻天覆地的变化，在带来便捷的同时，也极大地影响着人们的行为和意识。作为人工智能中机器学习领域的重要命题，深度学习旨在培养机器具有自主学习的能力，在不断的学习过程中提升解决问题的能力。

（一）图像处理与深度学习

（1）图像处理技术。图像处理作为生产生活中常见的技术问题，是将各种途径获得的图像信息通过一定的技术手段转化为数字信息，并通过计算机的程序或软件将数字信息进行一定数据处理的计数过程。当前常用计算机对图像进行处理的主要工作内容包括：对图像采取一定划分标准分类、对图像进行压缩、画质增强、图像特征的提取等工作。当前的图像处理技术可以实现画质清晰度的增强以及对图像内容中的特征物进行识别和提取等功能，这使得当前的图像处理技术与传统的图像处理技术有着极大的区别。当前的图像处理技术作为人工智能技术应用的重要领域，涉及模式识别、机器视觉、多媒体技术等多个领域，这使得在图像识别技术可以成功的应用在指纹识别、车辆检测等领域，为人们的生产生活提供更多的便捷性。

（2）深度学习领域。深度学习的发展要得益于人工神经网络模型的提出和发展，这使得深度学习得以在复杂问题降低维度的状态下进行处理。所谓深度学习指的是类比于人脑处理问题的模式去分析和解决问题，运用深度学习可完成许多现实问题，例如对于图像、文字的提取和识别等功能。深度学习因为有多样的技术功能在近年来发展得较为迅速，各个高技术公司也积极投身到深度学习的研究中去，旨在促进自身的发展。当前深度学习在计算机视觉领域发展的较为完善，也取得了一定的成果。

（二）深度学习在图像处理方面的应用

（1）深度学习在图像去噪算法上的应用。作为图像处理的主要领域之一，图像去噪有着极大的应用前景。图像去噪主要是为了提高图像的识别能力，这种识别能力的提高可以是人或者机器。图像去噪是进行后续图像识别和处理的前提，这也是当前在医疗和安检等现实场合应用的热点。由各个途径获得的图像信息，由于不可避免的环境和人为因素的影响，势必对图像的质量产生一定的不良影响，图像质量的影响也会导致图像进行处理时的难度加大。首先深度采取图像环节造成的误差，需要对采取的图像进行一定的处理，一般是结合一定的图像除噪的算法将图像中的噪声点和干扰点去除，这个过程涉及的算法就是基于深度学习的神经网络模型设计的。当前，一部分研究人员通过研究方案设计，将含有噪声点的图像与原图像进行对比，获得二者的映射，随后结合相关的卷积处理方式，降低二者的差异，进而实现噪声点的去除。还有学者针对低信噪比的图像处理，提出了相关的解决办法。运用深度学习中图像处理的神经网络模型，并结合卷积算法实现对现实图像的处理，或者结合数学中最小二乘法搭建一定的算法，实现对图像的除噪。这两种除噪的算法在实际运用中都可以实现对于图像的除噪。为了更高效地实现图像的去噪，有学者利用深度学习技术对图像隐含层的参数进行感知和提取，结合多层感知器模型实现图像在高信噪比下的去噪处理。

（2）深度学习在图像分类算法上的应用。作为图像处理的又一主要领域，图像分类处理主要借助于相关的图像分类算法对图像中的区域进行识别和划分，进而对图像涉及的特征进行提取，最后进行分类器识别等。整个图像分类的关键在于对特征的提取，提取质量的好坏将直接影响后续图像信息的分类结果。而借助深度学习可以实现此过程的高性能特征提取，为后续的图像分类打下坚实的基础。有学者针对人脸识别的相关问题，构建了一种深度学习的网络算法，使得在多姿势下人脸的图像采集和识别能力得以提升。还有人借助单标记和多标记的图像进行深度学习在图像分类上的研究，结合 PCA 和 LDA 算法实现对单标记图像的内容维度的降低，并运用 SVM 和 KNN 分类器对图像内容进行分类，实现单标记图像降维处理下的优化。而针对多标记图像，结合最小豪斯多夫和平均豪斯多夫两种不同度量距离的方法，实现对其内容的提取。

（3）深度学习在图像增强算法上的应用。图像增强作为图像处理的必经阶段，旨在提升图像中的特征区域的特点，进一步提升整体的效果，进而提升人工或者及其对于特征的识别能力。当前，有学者借助于图像超分辨率技术及深度学习的相关理论知识，实现对于图像的增强处理。借助卷积神经和快速神经网络的相关算法，可以实现图像分辨率的提升，进而有效地提升视觉效果。近年来的技术突破，极大地促进了深度学习在图像增强领域的应用。

综合所述，深度学习对于图像处理技术的发展有着极大的推动作用。其用途主要表现在图像的去噪、图像分类及图像增强等领域，当前和今后的一段时间内深度学习在图像处理领域的研究重点就在于此。

五、数字图像处理的关键技术

随着经济的发展与进步，计算机技术也经历着不断进步，在我们的实际生活或工作中有很多的领域会应用到数字图像处理技术。图像处理技术主要是通过压缩、编码、增强复原以及分割等工作，使最终得到的图像信息能够满足人们的生活需要以及视觉需求。

（一）数字图像处理

由于一般的图像都包含大量的信息，需要运用计算机对这些图像进行加工处理，从而转换成计算机能够进行处理的数字图像。数字图像处理实际上就是运用计算机技术对图像信息进行加工，从而使其能够满足人们的需要。因为处理图像处理技术具有精确度高、信息量大的优势，因此在生物医学、航天工程、军事、公安、人工智能等领域得到广泛的应用，对人们的生产生活产生了很大的影响。随着数字图像技术的不断发展与进步，所包括的内容也越来越多。

在对大量的信息进行处理时，对计算机的运算速度以及存储空间的要求更高了。和普通的语言信息相比较而言，在运用数字图像信息处理技术对信息进行传输时所占用的频带要比普通的语言信息高几千倍，因此对于图像的压缩技术的要求也就更高。在数字图像当中像素之间并不是单独存在的，而是具有一定关联性。图像是视觉三维意识的二维映射，需要在运用计算机技术对三维形态进行识别和处理时或多或少地都要进行一定的模糊处理，因为处理完之后的数字图像是人为地对视觉应用进行评估的重要依据，处理的最终结果势必会受到人的主观意识的影响。

（二）数字图像处理技术

（1）边缘检测技术。所谓边缘实际上就是在图像当中灰度变化明显的区域之间的边界。实际上对于图像来说，最基本的特征就是边缘，对图像进行边缘检测需要经过以下四步：图像滤波、边缘增强、边缘检测、边缘定位。

由于图像主要是运用图像导数对图像的边界进行检测，噪声又会对图像导数造成极大的影响，因此常常都会运用滤波技术减少噪声对图像导数所造成的影响；通过对梯度幅值进行计算，将灰度变换比较明显的点展现出来，从而实现图像边缘增强。由于在图像当中剃度幅度比较大的点也不一定是图像的边缘点，因此需要借助一定的技术对图像的边缘点进行检测；而定位则是运用子像素分辨率来对图像的边缘进行定位。

（2）图像压缩技术。图像压缩技术在当今时代是一个比较热门的话题。借助图像压缩技术对图像进行压缩，虽然会使空间内存占用量降低，与此同时还能够在传输的过程当中使运输工作效率更快，数据的安全性也会相应地得到提升。所以，借助有效的方式对图像进行压缩，能够大大提高计算机的工作效率。

（3）图像分割技术。想要对目标图像的选定部分进行处理，第一步就是需要将这部分目标图像在整个图像当中分离出来，也就是对图像进行分割处理。对图像进行分割处理主要有基于阈值的图像分割法、基于区域的图像分割法、基于边缘的图像分割法、直方图法等。

（4）图像增强与复原。对图像进行增强实际上就是对图像的视觉效果进行改变，对图像当中观看者所感兴趣的部分进行增强，与此同时对图形进行相应的处理，使处理之后的图像有利于计算机工作。

（三）数字图像处理技术的应用

（1）航空航天技术。在 1964 年，美国登陆月球的航天探测器徘徊者 7 号向地球传输了 4 000 多张在月球拍摄的照片，之后运用计算机技术通过几何校正、去噪等相应的图像处理技术对图像进行处理，最终绘制出一张月球表面的地图，对于人类来说这是对宇宙探索的一个里程碑。在 2007 年的 11 月 26 日，中国的"嫦娥一号"卫星向地球发送了第一幅月球的图像，经过相应的技术处理之后，得到了月球表面的三维立体影像。我们能够看到这些图片都要归功于数字处理技术。

（2）生物医学。在生物医学方面数字图像处理技术得到广泛的应用，极大地促进了医学的发展与进步。由于对临床进行诊断以及病理研究上运用图像处理技术，与其他技术相比较更加直观、微创，安全性更强，因此受到更多人的喜爱。20 世纪 70 年代人类发明了 X 光、CT 技术，在医学影像界引起了极大的轰动，自此之后，图像处理技术在生物医学上的应用越来越广泛，时至今日，医学对于图像处理技术的依赖性越来越强。现如今在医学方面对图像处理技术的应用主要包括磁共振成像、B 超、细胞分析、染色体分析等。

（3）其他应用。除了在以上方面图形处理技术得到广泛的应用之外，在军事、机器人视觉领域的应用也越来越多。在军事方面包含导弹制导、电子沙盘、军事训练等，现如今在安防方面应用图像处理技术的地方也越来越多，运用图像处理技术进行工作提高了安防的工作实效性，对于事物的判断也更加准确。在文化艺术方面对图像处理技术的应用包括对服装进行设计之后制作，对一些陈旧的文物照片进行复原等。在通信工程上也会用到数字图像处理技术，主要是指多媒体通信。在多媒体通信当中，图像通信是最为复杂的一项，为了解决图像通信当中图像数据量比较大这一问题，首先需要解决的就是压缩编码技术。在电子商务领域的应用包含对产品进行防伪制作以及身份认证等。还有就是科学可视化以及工程工业等很多的方面都会运用数字图像处理技术。

随着信息技术的不断发展与进步，计算机图像处理技术的应用也越来越广泛。无论是人们的日常生活还是航空航天、生物医学等大的事业都能够应用到数字图像处理技术，它与人们的生活的联系越来越紧密。总而言之，对于数字图像处理技术的相关研究，不管是从理论角度还是实践方面，都具有极强的影响力。随着数字图像处理技术的越来越完善，自然也就出现了很多的负面的影响，例如近几年，应用该技术恶意地去制作一些假的照片，对当事人造成极大的影响；另外，图像处理技术越来越高，也就越来越难辨别真伪，怎样才能够明辨真伪，是现如今最应该解决的问题。

第二节　图像处理创新技术

一、运动图像处理分析

运动图像处理中的运动估计是将图像序列的每一帧分解成一些互不重叠的块，并假设块内像素的位移量相同，然后对当前帧中每一块到前一帧或后一帧给定搜索范围内，根据相应的匹配规则找出与当前块最相似的块，即匹配块，匹配块与当前块的相对位移即为运动矢量。视频压缩的时候，只需保存运动矢量和残差数据就可以完全恢复出当前块。本节对运动图像处理进行了分析。

人们希望看到的是清晰、流畅的视频，而不是模糊、卡顿的。如何对视频进行优化，一直是人们探索的热点。在对运动图像视频处理中耗时最多的就是运动估计这一环节，通常要占到整个过程一半以上的时间。本节将对图像处理的运动估计进行研究。

（一）基于块的运动估计基础

运动图像处理中的运动估计及运动补偿由于能有效减少视频序列图像在时间上的相关性，在视频压缩编码上得到了广泛使用。运动估计是通过对物体进行估计来获得物体的运动矢量；而运动补偿是通过运动估计得到的运动矢量，对前一帧中由于运动而产生的位移进行调整，获得与当前帧较为接近的预测图像帧，再通过残差帧对预测帧补偿，可很好复原当前帧。

（二）块运动估计原理

运动估计在视频压缩编码及视频图像处理得到普遍使用，其原理是先对每一图像帧分割成一定数量且不重叠的宏块，同时假定这些宏块内的全部像素点具有同等位移量，然后对每个宏块到参考帧的搜索窗口进行搜索，依算法选择的匹配准则搜索出当前块的最佳匹配块，匹配块与当前块所产生的位移量就是所需求的运动矢量。块匹配运动估计算法中所得到的预测块，与当前块的所有像素点之间的差值构成了残差块。而块匹配的误差，则是通过预测块与当前块之间的匹配准则函数计算而得到的。

（三）块运动估计技术指标

块运动估计的效率通常由三个方面表现出来，一是图像的预测质量；二是视频的压缩编码码率之和；三是算法的搜索速度。运动估计的准确性越高，则预测补偿所获得的图像质量越好，补偿所需的残差越小，从而使得补偿编码所需位数越少，比特率也就越小。运动估计的速度越快，运算所需的时间越少，对视频的实时处理的能力就越强。因此，如何提高图像的处理质量、提升运动估计的速度以及减小压缩编码的编码量，一直都是块运动估计研究的目的所在。当前运动估计通常从以下几个方面对块匹配算法来进行研究：块的形状与大小、块匹配准则、初始搜索点的选择以及搜索策略，这些对运动估计的准确度都有较大影响。

（1）块的形状与大小。块匹配算法中有这样一个前提：假设同一块内所有的像素点进行运动时，其运动矢量是一致的。但该假设有一定的片面性，因为实际上并不是所有像素点的运动都这样，为应对这种片面性，可通过选择合适的块形状与大小，因块越小，其片面性就越小。通常在对块形状的选择上，一般选择正方形，因其对图像分割更加简单，且在块匹配准则函数计算上也更方便。但正方形并不是唯一选择，某些算法在块形状上会选其他形状，如三角形、菱形及六边形。在块大小选择上还存矛盾之处，当选择的块较大时，块内所有像素点跟随最佳匹配点做相等平移运动的合理性较低；而选择的块越小，则需要对同一帧分割的块越多，导致的结果就是运动估计计算次数随着增多，需要对视频压缩进行更多的编码，即运动矢量数增多导致视频在存储和传输方面需要更多的运算量，这对编码的效率造成的影响是比较大的。因而需要综合考虑多种因素，选择合适的块大小。

（2）块匹配准则。块间相似程度的判别主要是通过块匹配准则来进行，利用匹配准则函数对误差的计算是很重要，匹配准则准确度的高低，对块运动估计算法精度的影响很大。此外，块匹配准则对运算的复杂度及数据读取同样具有很大影响。目前通常使用两种途径来提高算法搜索速度：一是减少搜索点数；二是降低块匹配准则的计算复杂程度。在匹配准则中，常用的有三种准则：平均绝对误差、均方误差、归一化互相关函数。在运动估计中，匹配准则对算法计算复杂程度有着较大影响，而对算法的精度影响较小。当前通常使用平均绝对误差作为匹配准则，因平均绝对误差准则所涉及的运算不多，且计算方法也较为简单。

（3）初始搜索点的选择。初始搜索点的选择有两种。一是选择参考帧对应的原点位置，这是较简单的方法，但是在搜索过程中容易使搜索陷入局部最优。若所选择的算法在搜索过程中其搜索初始步长过大，其最优点又不在原点位置时，会使搜索很容易跳出原点所在搜索域，而去位置较远区域搜索，易使搜索陷入局部最优。二是选择预测的起点，因视频图像帧之间在时间上存在相关性，使许多算法会利用这种相关性，来对初始搜索点先进行预测，然后将所预测得到的预测点作为搜索起点。

（4）搜索策略。通过使用不同的搜索策略和步长之间的选择进行组合，可得到多种不同的搜索模式。在整个搜索过程中，还必须选择合适的中止准则，才能保证搜索过程能够及时停止下来。

（四）搜索算法原理

各种块匹配的运动估计算法，都是在一定的匹配准则作为依据下，对两个图像帧之间的像素域通过使用搜索程序来寻找最优的运动矢量估算值。块匹配的算法在实现时，不同算法之间在最佳匹配准则、匹配块搜索过程及选择块大小等方面有差异。其中分块大小的选择主要体现在 H.264/AVC 的编码过程中，而最佳匹配准则在不同运动估计方法中对精度影响并不大，即不同运动估计算法中可以使用相同最佳匹配准则。因此，在搜索过程中，搜索路径的不同才是在寻找最佳匹配块上区分不同运动估计方法的主要依据。运动估计是整个视频压缩编码过程中运算耗时最多的，为了加快速度、提升效率，在全搜索这个传统的算法基础上，陆续出现了多种快速算法，其中包括三步搜索法、四步搜索法、菱形搜索法等方法。

块匹配运动估计的发展非常迅速，其算法在搜索速度及精度方面有很大提高，但仍有提升空间。寻找一种更加快速并且精度更高的运动估计算法，一直是该领域研究者努力的目标。

二、隧道检测裂缝的图像处理

隧道施工质量对后续的运行产生很大的影响，为了保证工程质量、降低运行中的安全问题，在隧道施工中需要引入隧道检测裂缝的图像处理技术，其可以及时检测到隧道表面的裂缝，使用传统滤波法、图像增强算法等就可以得到理想的效果。本节就对这些方面进行分析，希望给有关人士一些借鉴。

在实践工作中经常出现衬砌表面灾害，根本原因是检测技术不先进，其只能满足低等级的公路建设，为了解决这一问题，下面就引入当前比较先进的检测技术，先分析使用的硬件设备和检测原理，最终分析检测方法。

（一）隧道检测裂缝的图像处理原理

分析硬件的构成情况。对于硬件检测系统，为了发挥其实际作用，将其设计为车载结构，让其以一定的速度在隧道中运行，使用高精度线阵电荷耦合器件相机就可以对表面的裂缝进行采集。CCD 相机使用光学系统，把光信号转变为视频信号，动态范围大，分辨率高、灵敏度高等，因此受到一线人员的青睐。其还包括很多配件，例如有编码器，为了确保相机采集速度和车速一致，使用编码器进行车速的测试，利用车速对相机的采样速度进行协调，这一措施可以避免图像发生变形，确保采集数据和实际裂缝尺寸一致。对于图像采集卡而言，利用 CCD 相机得到视频信号，将其输入并存储到图像采集卡中，可以对图像实施 A/D 转换。对于照明系统而言，为了 CCD 相机的低光敏性，可以选用功率大的照明装置，要求光源具有高频稳定性，最终技术人员选择使用 LED 条形光源。

（二）分析工作原理

使用 CCD 相机扫描隧道表面，通过扫描就可以得到裂缝图像，利用采集卡和硬盘对采集得到的数据进行及时保存，在技术上使用了磁盘阵列技术，因此实际工作中对大数据量高分辨率图像数据进行存储时不会出现丢帧、堵塞等问题。最后选用计算机对数据进行离线、在线处理，得到准确的裂缝信息。

（三）研究图形具体处理的算法

（1）分析处理图像的特点。对于图像处理而言，就是把图像转化为数字矩阵，将其存储到计算机中，同时使用相应的算法对其进行细致的处理。在处理中技术人员要使用高速 CCD 相机，对裂缝中的图像进行采集，这类图像包括两类。①衬砌表面的裂缝，也就是主要识别的目标。②状况良好的衬砌表面，也就是图像的背景。但是具体采集时影响因素较多，导致采集得到的图像中夹杂着大量的噪声，导致对图形的处理难度增大。结合相关工作经验，总结出图像处理工作有以下几个特点：隧道衬砌表面的纹理不均匀，使用混凝土材料导致其自身不均匀，因此采集的背景图像颜色方面有很大的变化，裂缝图像的颜色出现较大的变化。当裂缝中的颜色和背景颜色接近，就会对裂缝颜色产生很大的影响。总而言之，一般的裂缝图像会比背景颜色略暗，但是在隧道表面存在深色污染物，导致裂缝背景和灰度颜色重叠。代表目标裂缝的实际像素背景像素。采集到的隧道表面信息量很大，但是裂缝信息量很小，导致截取图像信息存在一定的难度，如果处理不当计算速度下降。

（2）有效增强裂缝图像的强度。对于数字图像处理技术而言，图像增强是非常有效的方式，其可以进行图像的采集和传输，但是这些过程导致图像质量下降，影响计算机后续的识别和分析。针对这一情况，技术人员采用高速 CCD 相继对衬砌表面采集的图像进行处理，对原始图像进行增强处理，降低大量噪声污染的影响，将产生的不利影响进行校正，对噪声进行平滑处理，为以后的检测提供帮助。通过改进的直方图灰度拉伸法将增强对比度，这一方法对传统技术进行了改进和优化，除此之外，还可以对图像进行四邻域平均平滑十次和拉普拉斯锐化一次，这一步操作要重复五次。工作人员可以对图像进行图像拉伸处理，再和之前的进行对比，检测增强效果，为了确保图像不会失真，如果使用单一算法达不到要求，技术人员要有针对性地进行处理，融合不同的处理技术，这些措施可以达到良好的效果，虽然细节有所损失，但是有效解决了噪声的影响。

（3）对裂缝图像进行分割处理。对于图像分割而言，就是遵循均匀性原则，将一个图像分成不同个有意义的部分，让某个部分都符合某一种一致性的要求，对于任意两个相邻的部分而言，将其进行合并之后将会对这种一致性进行破坏。对于裂缝图像只对图像中裂缝进行分析，图像分割就是对裂缝边界区域进行分割，这样就可以提取得到裂缝目标。具体的图像分割算法包括区域生长分割技术、阈值分割技术、边缘检测技术等，当前阈值分割技术使用范围最广。对于阈值而言，可以对图像的直方图进行分析，有效确定具体数值，当一个图像只包括背景和目标两部分，那么其直方图就是典型的双峰图，在选择分析中可以选择两峰中间的最低点，将这一位置的灰度值作为分割阈值，针对裂缝衬砌图像而言，其比较复杂，制作的直方图都是单峰形状的，或者将其连成一片，如果只依靠直方图选择最佳的阈值非常困难。为了有效解决这一难题，技术人员参考了其他人的研究成果，可以选用两种阈值分割算法对裂缝图像进行处理，将得到的结果进行对比分析，这样就能达到理想的效果。通过实践工作分析发现，两种算法都可以很好地区分背景和裂缝，如果使用最大类间方差法对图像进行分割处理之后，裂缝信息将会有一部分丢失，裂缝存在断开问题，但是对其他的噪声达到了很好的抑制效果，二值化图像没有其他多余的信息，对于迭代剪枝法而言，可以有效将缝隙的细节进行保存，但是在图像中仍然存在多余的噪声，不利于以后对裂缝信息的提取。

通过以上对隧道检测裂缝的图像处理分析，发现进行图像分割时，使用最大类间方差法和迭代剪枝法处理后，可以得到很好的二值图像，但是这两种方法各具特点，相关技术人员要结合工作需求，科学进行选择，确保达到理想的作用效果。

三、基本图像处理算法的优化

数字视频图像处理技术已经被广泛地应用到各个领域内，并取得了良好效果。但是就现状来看，以往所应用的基于通用CPU的图像处理系统已经无法完全满足现在所需，还需要在原有基础上对基本图像处理算法进行优化，以求更好地提高数字图像处理速度。

基于处理图像幅度的不断加大，以及像元密集度的逐渐增加，图像处理算法所需要面对的情况更为复杂，传统基于 CPU 的数字图像处理算法已经无法满足实时性要求。将 GPU 作为基础，基于其可编程性特点，加强对其的研究，通过其来实现对图像处理算法的优化设计，提高图像处理综合效果。

（一）图像处理技术分析

图像作为传递信息的重要媒介，同时也是获取信息的重要方式，因此图像处理技术在持续研究以及不断更新，实现对模拟图像处理及数字图像处理。模拟图像处理即图像明暗程度与空间坐标处于连续状态时，无法通过计算机对其进行处理，必须要通过光学或者电子手段处理。数字图像处理则是对图像进行简单的采样与量化处理后，通过计算机以及其他实时硬件来处理图像信息。相比来看，模拟图像处理技术具有更强灵活性，但是处理精度较低。相反数字图像处理精度高且具有较强变通能力，逐渐发展成现在主要图像处理技术。基于计算机技术、数字成像技术以及人工智能技术等，数字图像处理技术不断完善，应用也越来越广泛。对于图像处理技术进行分析，可确定其包括图像分割、图像增强、图像压缩、图像复原、运动图像检测以及图像理解等。传统基于 CPU 的图像处理技术已经无法满足实际应用需求，想要进一步提高图像处理速度以及质量，还需要在原有技术上来进行优化，争取通过高效的图像处理算法来达到最佳效果。

（二）基于 GPU 图像处理算法优化设计

（1）GPU 结构特点。GPU 即图形处理器，主要用于图形渲染。相比于 CPU 倾向程序执行效率，GPU 更倾向于大量并行数据计算，将数字图像算法特点与 GPU 通用计算特点进行有效结合，基于 GPU 来处理数字图像，可以实现图像处理算法的优化，提高图像处理速度。近年来 GPU 发展迅速，除了速度与质量方面的优化外，也为更多图像处理技术的发展提供了基础。

现今 GPU 已经兼具流处理、高密集型并行运算等特点，且为 GPU 处理性能的拓展、提高打好了基础。

（2）GPU 数字图像处理算法。总结 GPU 所适合的优化程序特征，包括较高的数据并行性与数据计算密度、数据量巨大、数据耦合度低以及数据与 CPU 间传输少。以往图像处理算法多以 CPU 作为基础进行串行处理，通过 CPU 的计算资源完成串行算法加速，且要将其转换成适合 CPU 编程结构处理的并行算法。数字图像处理算法主要为基于空域处理和基于时域处理两种。第一，基于空域处理。结合整个数字图像平面上所有像素，然后对所有像素进行直接处理。在这个过程中要重点考虑像素级处理、特征级处理以及目标级处理三个部分，同样也是此特点使得空域处理算法可以提高 GPU 加速效果。第二，基于时域处理。与空域处理方法不同，时域处理时需要对数字图像进行傅立叶变换，以此来得到待处理图像的频谱，为后续处理提供基础，然后将处理后的结果再次逆变换，便可得到最终处理结果。相比而言，基于时域图像处理，具有更高密度的计算量。

（3）GPU 加速图像滤波算法。图像滤波作为图像处理技术的关键步骤之一，主要可实现图像噪声消除以及图像边缘检测。对于数字图像处理，图像滤波主要可以分为空域滤波与频域滤波两种方法。第一，空域滤波，以二维卷积原理为基础，通过对滤波图像以及滤波器核来进行卷积达到空域滤波目的。第二，频域滤波，主要先对待处理图像进行傅立叶转换，使得空域向频域转换，并且对滤波器核同样进行傅立叶转换，然后将两个转换结果相乘，对所得乘积结果进行傅立叶反转换，便可将其转换到空域内。在不同条件下两种图像处理方法各有优缺点，且以 CPU 为基础的两种方法均比较成熟，但是想要解决计算量增大的问题还需要做更进一步的研究与优化。与 CPU 自身结构限制不同，GPU 处理数据时主要是通过硬件结构方面的较多运算逻辑单元实现，无须利用大量资源进行缓存以及流程控制，使得图像处理速度更快。同时 GPU 存在多个处理器，可以满足很大计算量处理要求。另外，数字图像处理数据运算密集度高，基于 GPU 来进行图像处理可以通过运算时间来掩盖内存读取数据的等待时间，使得高速数据缓存机制进一步优化。

（4）GPU 加速星图配准算法。星图配准为图像配准的重要研究内容，其主要通过对不同环境下两幅及两幅以上图像进行几何变换，来达到将各个图像匹配对应的目的，现在已经成为数字图像处理研究的要点。想要实现图像匹配效果，首先需要确定一个最优的变换形式，以求能够将两幅图像匹配。可选择的图像变换包括仿射变换、刚体变换以及投影变换等。以刚体变换为例，一幅图片进行变换后，则图像变换前后的对应两点间距不变。具体变换匹配过程中，又可以将刚体变换分解成平移、反转与旋转三种不同形式。(x, y) 为变换前图像内点，(x', y') 为变换后图像内点，则刚体变换公式为：$y'=b_{00}+b_{10}x+b_{01}y+b_{20}x_2+b_{11}xy+b_{02}y_2+\cdots$

图像处理技术在不断更新，使得图像处理效率逐渐提高。对于传统基于 CPU 的图像处理技术来讲，基于 GPU 的图像处理算法在实际应用中具有更多优势。对数字图像处理技术特点以及要求进行分析，以求更好地应对大数据量以及高密集度的处理要求，还需要继续对图像处理算法进行优化分析。

四、图像处理中中值滤波

中值滤波是目前图像处理中比较常用的一种非线性信号处理技术，通过中值滤波技术不仅能够对噪声进行减弱或消除，而且还能够完好无损地保留图像中的每一个细节。正是由于中值滤波技术可以将信号和噪声分别处理，才使得其在图像处理中应用的范围更广，跟之前采用的传统的滤波技术相比，中值滤波技术存在很大的优势和特点。下面就中值滤波技术进行阐述，并且对其在图像处理中的应用情况进行详细的探讨。

噪声信号的滤波是图像处理的一个重要环节，之前对噪声进行滤波的过程主要就是采用线性滤波器，但是线性滤波器的使用性能和工作效率不是很强。随着科学技术的发展，现代的中值滤波技术得以创立，非线性数字信号处理方法在图像处理中的应用越来越多，而且也显得越来越重要。目前，人们对噪声信号的恢复主要是通过非线性滤波器来实现的，而且这种非线性滤波器在各个行业中的应用都比较广，人们越来越重视对中值滤波技术的开发。

（一）中值滤波技术

中值滤波技术早在 20 世纪 70 年代就被提出来，当时科学家们主要是利用中值滤波技术对离散信号进行处理，通过采用中值滤波技术可以减小信号处理过程中存在的数据误差，能够对噪声和信号进行有针对性的高效识别。中值滤波技术主要基于排序理论，是能够有效抑制噪声的非线性信号处理技术。中值滤波的主要理念就是把图像数字中的某一个点值用其领域内的其他点值来替代。由此可见，中值滤波技术的技术要点还是比较复杂的，不仅运用到了数学知识，而且还结合了现代化的计算机技术。随着科学技术的不断进步，目前的中值滤波技术已经相当成熟，可以很广泛地应用于各种信号处理中。

（二）中值滤波的主要特性

（1）滤除噪声的性能。中值滤波是非线性运算，因此采用中值滤波对噪声进行滤除的时候内部流程相对比较复杂。通过调查可以发现，输入噪声的密度越大，那么中值滤波输出的信号中含有的噪声信号就越小，这也正说明了中值滤波技术对噪声滤除的效率是比较高的，可以很自然地将噪声信号和有效信号区分开来，从而获得想要的信号。与此同时，中值滤波虽然可以对一些随机噪声进行抑制，但是其对噪声的抑制能力并没有平均值滤波好，主要因为平均值滤波需要处理的噪声信息方差比中值滤波小，减少了很多复杂的运算。另外，中值滤波技术对脉冲信号的处理相对比较高效，能够处理相距比较远的窄脉冲，这也就说明中值滤波滤除噪声的性能整体上比较好。

（2）对某些信号的不变形。对于某些特定的信号，通过中值滤波技术能够对这些特殊信号进行有针对性的识别，而且经过一系列的信号转变之后这些信号的波值不会发生任何变化，这正是中值滤波技术的优势所在。二维中值滤波中的不变形相对于其他空间信息更复杂，而且信号识别起来更加困难，但是中值滤波技术可以很好地将这些信号输送出来，并且不对这些信号产生任何不良的影响。正因为中值滤波技术不仅能够滤除掉信号中的一些噪声，而且还能够保证图像的清晰度不变，使得中值滤波技术在图像处理中的应用更加普遍。

（3）中值滤波的频谱特性。由于中值滤波属于非线性运算，在对信号进行识别和转换的时候能够实现输入输出波值的一一对应关系，但是线性运算却不能够做到这一点，这就使得现代化的中值滤波技术比传统的滤波技术更加先进，而且应用效果更好。经过大量的试验可以知道，中值滤波器的频谱响应跟输入信号之间的频谱响应度非常高，而且在信号输入输出的时候对信号的波长的影响也比较小。虽然中值滤波技术输送出来的曲线不是在一条直线上，但是信号振动的幅度却比较小，完全可以认为信号没有发生太大的变化，这就说明了中值滤波技术的频谱特性比较好，即使经过再复杂的信号转变过程，信号的频谱也会保持基本不变的趋势。

（三）中值滤波在图像处理中的应用

（1）基于偏微分方程的图像处理。偏微分方程是近几年来比较常用的一种图像处理技术，通过对这个偏微分方程的使用不仅可以对图形的原型进行修复，而且还可以有效地提高图像的清晰度。但是在偏微分方程中也会应用到中值滤波技术，中值滤波技术与偏微分方程运算相结合能够达到很好的效果，能够在很大程度上提高图像处理效率。根据相关理论知识可以知道，中值滤波技术能够有效地解决线性非均匀扩散方程中的问题，而且还可以解决图像边缘去噪问题，正是由于中值滤波自身具有的特性，才使得基于偏微分方程的图像处理效果更好。与此同时，中值滤波技术在偏微分方程中的应用还有变分法和图像变换法，这两种方法中涵盖了中值滤波技术的主要要点。由此可见，基于偏微分方程的图像处理在很大程度上不但降低了图像的不规则性，而且也在整体上使得图像的某些特征达到最优化的状态。

（2）基于阈值的图像椒盐噪声的非迭代滤除。在图像处理的过程中，滤除图像中的噪声并且保持图像的清晰度是图像处理的重要环节和内容。现实中，由于照相机的亮度和光线没有得到很好的控制，会导致图像中存在很多噪声，这些噪声的存在自然会在很大程度上影响图像的整体质量。因此，必须应用相关先进技术对图像中的噪声进行处理，并且提高图像展现的清晰度。为了解决这一难题，相关专家采用非线性滤波技术对其进行处理，并且发现中值滤波技术能够达到最好效率，而且中值滤波技术还能够对图像中的阈值进行处理，能够保证图像中每一个小细节都得到很好的处理，这也正是中值滤波技术的优势所在。基于此，人们研究出了基于阈值的图像椒盐噪声的非迭代滤除技术，通过这项技术可以对图像中的每一个细节进行处理，保证了图像的质量，这种技术相对于其他图像处理技术而言有着非常大的优势，能够快速地达到去噪声的目的。

（3）基于方向信息的图像椒盐噪声的非迭代滤除。近年来，图像细节保护的中值滤波器的研究成了热门的研究方向，在对其进行研究的过程中出现了给予中值滤波的改进型算法，即 SBM 算法。通过 SBM 算法可以使得图像处理的效果变得更好，而且还能够针对每一个图像细节问题进行逐一处理。与此同时，基于方向信息的图像椒盐噪声的非迭代滤除技术应运而生。这种技术的工作流程主要就是对有噪声的图像进行识别，通过中值滤波技术对噪声进行检测，先对噪声信号进行滤除，然后恢复图像的清晰度，对图像每一个细节进行算法技术处理，从而能够对图像进行全方向的噪声滤除。

（4）改进的基于中值滤波的反扩散。众所周知，去噪是图像处理中的一个基本问题，如果不能够对图像中的噪声进行高效的处理，那么就会对图像造成不同程度的污染。为了能够减少噪声处理过程对图像质量的影响，相关技术人员对中值滤波中的反扩散技术进行了改进，先通过反扩散对噪声信号进行排除，然后再采用中值滤波技术对图像进行清晰度提升，最终保证图像的视觉效果比较好，达到人们审美的要求。另外，通过反扩散还可以对图像中残留的椒盐噪声进行高度清除，从而实现快速处理图像的目的。由此可见，中值滤波技术在图像处理中的应用是比较多的，但是要实现对噪声的深度处理还需要对中值滤波技术进行改进。

综上所述，中值滤波技术在图像处理中的应用非常广泛，而且中值滤波技术对于图像处理而言也至关重要，需要对中值滤波技术进行深层次的改进，更好地采用中值滤波来滤除图像中的噪声，提高图像的清晰度和整体质量。

五、图像处理中消除噪声技术

在图像处理中消除噪声是一项十分重要的技术，图像的噪声消除可以最大限度地保护图像的细节、纹理与边缘，并且滤除噪声所对图片质量造成的影响。噪声消除的结果将会直接影响到图片处理后续的相关环节。下面主要针对图像处理中消除噪声的相关技术进行研究，以期能为图像处理、噪声消除提供一定的借鉴与参考。

在拍摄图像、传输图像的过程中，由于拍摄设备、传输装置、传输路径存在约束性，导致非常容易被外部环境的各项因素所干扰，进而形成大量的噪声，从而直接影响了图像的观看视觉效果，甚至会误导观看者对图像内容的认识。所以，对图像进行噪声的消除成了图像处理中的重要环节。

（一）图像处理及图像噪声

（1）图像处理。如今，数字图像已经作为一门全新的学科，受到了人们的广泛重视。在获取与传输图像的过程中图像会经常被成像的装置以及外部环境中的因素所干扰，进而导致难以正确观看，识别率降低，形成噪声。因此，在进行传输与处理的过程中必须要针对图像进行去噪处理，以提升图像的质量。图像处理技术可以普遍被应用于网页制作当中。高水准的图像处理技能可以让网页的界面变得十分人性化、友好，全面提升网页的吸引力，在提升网页竞争力的同时为网页创造更多的价值。

（2）图像噪声。影响图像噪声的来源途径众多，例如交流电场、成像设备、设备的影响、电子噪声、信号传输的信道噪声、图像转换的量化噪声等。不同种类的噪声必然都会对图像的质量形成负面影响。通常来看，噪声对图像信号的影响分为3种类别，分别为加性噪声、乘性噪声以及混合噪声。这3种类型的噪声对图像所产生的影响均不一致。在图像信号传递中所形成的噪声大部分都是加性噪声。图像噪声的形式众多，其中包括脉冲噪声、高斯噪声等。在图像处理中出现的噪声一般为脉冲噪声、高斯噪声或两者叠加混合的噪声。其中，脉冲噪声会独立干扰在图像中的某一个像素点，并且会随机出现在图像中的任意区域导致图像中某像素点灰度值出现异常情况，该处的图像值将会明显异于其他像素点，给人视觉上造成一种极暗或极亮的视觉感受。通常对凸显噪声干扰的密度可以用函数（PDF）来表示。

图像噪声的特点如下所述。

第一，扫描变换。目前，图像系统的输入光电变化均是将二维图像信号进行扫描处理，将其变成一维电信号再进行处理加工的，然后再将一维电信号转换成为二维凸显光信号。相同的，噪声也存在相同的转变方式。

第二，相关性。利用光导摄像管的摄像设备可以认为，信号幅度与噪声幅度之间不存在必然的联系，而使用超正析摄像机的信号则与噪声之间存在密切关系。黑暗区域噪声明显，明亮区域噪声较小。在数字图像处理技术中将噪声进行量化处理是必然的，其与图像相位之间有着密切的关系。假如图像的内容接近平坦，则量化噪声出现伪轮廓。但是这时图像信号中的随机噪声将会由于颤噪效应而使得弱化量化噪声。

第三，叠加性。在串联图像的传输系统当中，不同部分窜入的噪声如果是同类噪声的话则可以直接进行功率相加，信噪比相对下降。如果非同类噪声则应该区别对待。例如，空间频率不同的噪声如果要叠加则需要考虑到视觉空间频谱的带通特征；如时间特性不同的噪声叠加就需要考虑到视觉滞留与闪烁的特性等。

（二）图像处理中消除噪声技术研究

对图像的脉冲噪声、高斯噪声等类型的噪声进行分析后可以得知，要降低噪声可以根据信号所处不一样的区域中的表现形式来选择合适的噪声消除方法。站在图像处理清楚噪声方法形成时期的角度来划分，可以将消除噪声技术分为传统的滤波技术以及新型滤波技术。

（1）传统滤波技术。这一滤波技术针对不同类型图像的噪声均可以有效去除。该滤波技术前后形成了不同类型的滤波计算技术。这些不同类型的计算技术分别拥有自身独特的特点。但是总体来看，计算技术可以分为线性滤波技术与非线性滤波技术。上述两种类型滤波技术存在典型的技术代表。其中线性滤波技术的典型技术为均值滤波技术。该技术即为运用既定面积的局部窗口来对图像进行掩模调整。并且使用像素灰度的平均值来替代窗口中心的像素值。线性滤波技术计算简易，实现难度较低，是数字信号处理技术进步中最为常用的降噪方式之一，然而该技术会导致图像边缘出现严重模糊的情况，使得图像中很多细节丢失。为弥补上述技术的缺陷，非线性滤波理论与技术出现并应用。非线性滤波技术最为典型的代表为中值滤波器，运用中值滤波器来对图像进行处理就是使用固定的区域窗口来对图像中的像素进行掩模调整。窗口中覆盖的像素值排布顺序是从小至大。在掩模调整的过程中将位于排序中间的灰度值替代窗口中心的像素灰度值，从而达到消除噪声的效果。虽然中值滤波技术能够优化过滤脉冲噪声所导致的图像质量下降，然而对于高斯噪声所产生的影响却十分有限，运用中值滤波技术处理高斯噪声影响的图像将会导致图像丢失有价值的内容。非线性滤波另一典型的技术为自适应滤波，其主要是通过统计局部窗口像素的统计特征来对图像进行处理。构造自适应滤波器不需要视线输入信号与噪声等相关信息，只需要在滤波处理环节中对统计特性与参数进行调节即可，直至获得最佳的滤波效果。

（2）新型滤波技术。近几年伴随着数学科学的进步，图像处理方面也获得了质的飞跃，各种不同图像噪声处理技术出现，并且在图像处理优化中被使用。另外，对传统滤波技术进行调整与升级，融合全新的技术能够同时处理脉冲噪声以及高斯噪声所影响的图像上获得较为理想的效果。

第一，脉冲噪声消除技术。脉冲噪声的消除主要分为两种类型，分别为直接滤波技术以及检测滤波技术。直接滤波技术是基于传统滤波技术的方法，这种中值滤波算法可以弥补传统中值滤波器对边缘信号损失严重的缺陷，并且调节掩模窗窗口各个元素输出权值。

第二，高斯噪声消除技术。高斯噪声消除技术的优化是为了弥补在图像处理中降低信息的损失，优化滤波效果。该技术可以利用非线性扩散方程、各向异性扩散方程等来对去噪中的扩散系数进行自由动态了解，能够在消除噪声的同时较为完善保护图像的边缘信息。在高斯噪声图像处理中运用随机偏微分方程等，以获得更加理想的噪声消除效果。

在图像处理中消除噪声是十分重要的环节。在众多消除噪声的方式中包括传统滤波技术与新型滤波技术。伴随着图像处理消除噪声研究的深入开展，人们在不同消除噪声的技术上都做了各种优化处理，将各种全新的技术都应用到消除噪声当中，例如模糊理论、神经网络、小波变化等。这些新技术的应用在不同程度上都强化了去噪效果，但是在实际使用中可能会存在运算复杂、适用范围狭小等问题。因此，在图像处理中要综合考虑图像的各项因素，选择最为合适的消除噪声的方法。

六、图像处理在指纹比对中的实践

指纹识别是一项技术难度非常高的项目，指纹作为每个人独有的特点，借助于图像处理技术能够准确无误、快速有效地进行指纹比对，随着计算机技术的不断发展，图像处理技术也在不断地完善和提升，其中指纹识别正是随着数字图像处理的发展而逐步形成一门新兴身份认证技术。

在指纹比对中，图像处理技术为指纹比对提供了扎实有效的技术支撑，使得指纹比对的效率和精准度都得以提高，同时也使得指纹比对不仅仅运用于传统领域，而是扩展到密码防护、智能解锁等越来越宽广的实践领域。

（一）指纹比对中图像处理的优势分析

指纹是人的生理特征，在计算机技术尚未完全成熟的时代里，人们已然注意到了指纹比对的重要作用，但那个阶段的指纹比对借助于高倍的显微镜，将肉眼观察的结果作为判断的主要依据，不仅无法增加指纹比对的时效，还容易提升指纹比对的失误率。随着计算机技术的不断发展，图像处理技术得以运用在指纹比对中，并以绝对性的优势，成了指纹比对中的主要技术。那么图像处理在指纹比对中的优势包括哪些呢？第一，图像处理的清晰度得以成倍提升。借助于计算机技术，即使抽象模糊的图像，都能够在计算机技术的作用下，完成数倍清晰度的提升。在实践运用中，图像处理技术能够将图像转换为数字信号，并借助于计算机技术来实现对数字信号的整理与分析，以便进行卓有成效的指纹比对。第二，图像处理技术能够实现图像的有效增强。在计算机技术的支撑下，图像处理技术在发生作用时，并不是盲目地提升图像的像素值域，而是可以结合人们对图像的利用侧重点，来增强有用信息的值域，避免一些无用信息的扰乱和负面影响，这本身能够更有针对性地进行指纹比对。如在指纹比对中，利用图像处理技术，将指纹中共性的内容自动隐藏掉，突出指纹中个性化的内容，以提升指纹比对的精准度和时效性。第三，图像的编码及二值化，这是图像处理技术的核心技术。在指纹比对的过程中，利用图像处理技术，能够实现对图像资料的有效压缩和编码。对于图像资料的关键信息进行一定的编码，不仅能够缩小图像的存储大小，便于图像核心资料的保管，同时还能够梳理图像中复杂的信息内容。同时，图像处理技术能够实现对图像的二值化，在指纹比对中，将指纹图像中的关键信息提取出来，并通过值域或者数据对比等方式来表达出来，这本身能够帮助工作人员进行更加精确地研判与分析，也是图像处理在指纹比对中的关键环节。最后，利用图像处理可以实现对指纹图像的有效识别，利用计算机技术实现对指纹图像的判断、分析、汇总等工作后，可以进行更加精确的图像识别，将图像中有价值的信息全面梳理出来，进行更加细致化的分类与整理。当然，指纹比对是一项复杂性的工程，运用图像处理技术来进行指纹比对，需要将这些流程或者图像处理技术的不同侧重点，统筹结合起来，才能真正提升指纹比对的质量。

（二）指纹比对中图像处理技术的实践运用

（1）扫描指纹形成图像。在指纹比对中，运用图像处理技术，需要对指纹进行全面的图像处理。利用光学扫描仪对指纹比对中的特定区域进行一定的扫描，形成图像。在图像成型的过程中，由于扫描范围比较大，为了更加精准地进行指纹比对，需要对图像进行一定比例的缩小处理。利用计算机技术对指纹图像进行处理，还需要转换图像的格式，一般而言，通过扫描仪所形成的图像是 JPG 的格式，但计算机对于这一格式的图像进行处理时，存在着格式不匹配的问题，需要将这一格式转变为 BMP 格式，在图像调整的过程中，能够形成一个二进制代码表示的数组。

（2）对选定图像生成黑白图像。在指纹比对中，利用计算机技术对图像进行一定的灰度处理，但这种处理仅仅是图像处理的基础，为了更加精准地进行图像的处理和指纹比对，还需要将图像进行黑白处理，就是将指纹图像生成只剩黑白两种值的图像，这种处理方式能够非常精准地实现指纹比对，同时还能够有效节省图像的存储值域。指纹的黑白图像虽然会加重指纹图像周边的光泽，但并不影响核心指纹数据的纹路与数值，这本身能够提升指纹识别的效率。此外，在指纹黑白处理后，还需要对黑白指纹图像进行相应的锐化处理。

（3）去伪特征点的处理。在指纹比对中，最关键的环节是寻找有效的特征点，及时消除伪特征点。在指纹比对的过程中，伪特征点的存在会影响指纹比对的质量，因此需要借助于先进的计算机技术来帮助剔除伪特征点。对于指纹图像中的任何一个特征点，都可以采用周边搜索的方式来寻找相关的特征点，进而判断真正的特征点。

在指纹比对中，应该运用科学有效的图像处理技术，通过指纹图像的优化、选定、锐化等核心步骤的处理，能够有效地进行指纹图像的精准判断和全面比对，提升指纹比对的整体质量。

七、计算机平面网络中的图像处理技术

随着我国社会经济的迅速发展，计算机技术在日常的生产生活当中的作用日益凸显，计算机平面网络的图像处理技术能够处理更多的图形图像内容。计算机平面网络中的图像处理技术可以增加图像的丰富程度，进一步提升图像处理的水平。本节通过对于计算机平面网络中的图像处理技术的定义、技术处理系统和具体应用开展探讨，希望能够为计算机平面网络图像处理的专业人士和爱好者给予参考。

（一）计算机平面网络中的图像处理技术定义

计算机平面网络的技术处理从 20 世纪末开始出现，这项技术的出现是伴随着计算机科学技术发展的必然产物，因为计算机的硬件和软件不断提升和更新换代，对于图像处理技术的支撑作用日益凸显。众所周知，计算机的图像处理主要是依靠计算机设计、储存以及对于图片进行修改，丰富图像的内容和像素，计算机的图像处理软件也日益广泛，例如 CAD、CAM

等软件实现各种图像处理功能。

计算机系统的开始阶段，对于图像处理技术并没有特别设计相应的硬件软件，这也是和当时的科学技术水平密切相关，刚开始的时候计算机的平面网络只能处理一些基础的图像，例如对于图片的大小和像素进行一定程度的编辑，没有办法大规模应用到生产生活实践当中。计算机图像处理技术这个概念第一次登上历史舞台是在 1962 年的时候，随着计算机的软硬件不断发展，这个技术逐渐开始成熟，可以完成对于图像的塑形和一定程度的研究，同时能够对于图片开展处理，达到一些摄影器材无法做成的效果。

同时，随着计算机平面网络的图像处理技术逐渐成熟，相关的专业人士的理论和实践水平也在逐步提升当中，这不仅仅是依赖软件的更新换代，同时对于专业人士的编程能力和图像技术处理能力也提出了更高的要求。计算机平面网络图像处理技术的发展与单纯的图形处理概念不同，主要区别在两者所使用的软件数据结构略有差异，图像和图形的数据量不同，图像相比而言更大一些，这就要求能够通过计算机开展图像的二维数据进行组合，图形只需要通过点线面的方法进行简单组合，所以数据量大小存在显著差异。

（二）计算机平面网络中的图像处理技术的应用

设计与制造处理技术。在工业领域的应用当中，设计与制造需求相当大，其中在计算机平面网络的图像处理当中，主要应用 CAD 和 CAM 两个软件开展编辑操作。这两个软件不仅仅广泛应用于建筑和室内装潢等领域当中，同时也能够为工业设计和制造领域服务。例如，汽车和飞机制造业就需要提前对于产品的成品效果利用计算机平面网络的图像处理系统开展提前的设计和处理。

与此同时，对于电子产业的发展，计算机平面网络的图像处理技术也不可或缺，因为在印刷电路板或者网络分析等多个方面的图像处理都需要相关的图像处理软件进行绘制和设计。通过这些软件能够进一步提升产品的准确度和安全性，为多种生产领域创造了便利。这些软件的图像处理主要是利用二维基础提取三维主要信息，再对于提取的信息进行重新编排或者分类，这样就能够形成一个从三维空间当中对应的二维图像模式，完成整体模型的构建。

计算机平面网络中的图像处理技术的技术接口。随着生产生活的水平不断提升，对于计算机应用的需求也在日益增加，这就需要不断更新图形处理的软件，设计更加符合生产生活需要的软件系统。近年来，许多新式的计算机平面网络的图像处理系统推出市场，能够通过图形化界面构成即时可见的效果。例如网页就是通过专业人员通过一定的计算机平面网络的图像处理统运行后得到的效果，通过设计能够让页面更好表现产品的质感，让受众了解网页想要表达的内容和感情。与此同时，一些电影、动漫产品也在一定程度上依赖计算机平面网络的图像处理系统，通过这些系统实现3D图像以及PS图像处理后的效果，让电视或电影内容逐渐丰富。可以说计算机平面网络的图像处理技术对于人们的生活有非常大的影响。

综上所述，计算机平面网络的图像处理技术在经过长期的发展历程以后，已经和我们现在的生产和生活密切相关，能够实现许多手绘难以达到的效果。计算机平面网络的图像处理技术能够在工业设计当中使用，同时也能够增加日常家庭对于图像的处理水平，给平凡的生活增添了无穷的创意和惊喜。可以说，计算机平面网络的图像处理技术能够提升人们的生活水平和保持创意思想不断迸发。通过计算机平面网络的图像处理技术，能够实现人们的创意，创造出更多的视觉冲击力的作品和效果，这样能够更好地改变人们的生活环境，创造出更多更丰富多彩的生活，构建更加美好又美丽的生活蓝图。

八、机器学习在图像处理中的应用与设计

随着互联网、人工智能、增强现实等技术的快速发展，图像处理已经得到了广泛应用，比如在人脸识别、视频追踪、图像增强等方面。图像处

理技术也得到了极大的发展，从最原始的模式识别、数据挖掘发展到了当前的机器学习技术。回归分析、Apriori 算法、K-means 算法、卷积神经网络等作为当前最先进的机器学习技术，可以大幅度提升图像处理的精确度，具有重要的作用和意义。

图像处理是指利用计算机技术对图像进行分析，以便能够达到人们期望的结果，比如美颜相机需要针对人们的照片进行增强，就可以利用图像处理技术，识别面部的不和谐之处，将图像的光照颜色增强，同时还可以处理面部状态进行美妆。目前，图像处理通常应用的方法包括六个，分别是图像变换方法、图像压缩与编码方法、图像增强与复原方法、图像分割方法、图像描述与图像分类方法。图像变换可以直接在空间域中进行处理，实现局部特效。图像压缩与编码可以改变图像的大小，节省图像传输时间。图像增强与复原可以提高图像的质量，去除图像中的噪声数据，比如可以促使图像中的目标物体轮廓更加清晰。图像分割可以将人们需要的内容从图像中提取出来，也是进行图像深度处理的基础。图像描述是图像识别和理解的前提条件，可以实现图像的体积描述、表面描述或广义圆柱体描述。图像分类也即是图像识别，利用机器学习方法实现图像分割和特征提取，应用范围更加广泛。

（一）机器学习技术

机器学习技术经过多年的研究已经诞生了很多，最为先进和主流的技术包括回归分析、Apriori 算法、卷积神经网络和 K-means 算法。

（1）回归分析。回归分析能够有效地反映数据库中的属性值在时间特征产生的信息。回归分析可以将相关的数据项映射到函数上，这个函数是一个关于实值预测变量的，能够发现变量或属性之间的相互依赖关系，进一步发现数据的趋势特征，预测数据的时间序列，发现数据之间的特征关系内容，更好地实现数据分析与操作，保证产品的生命周期稳定。

（2）Apriori 算法。Apriori 算法可以描述数据集中每一个数据项之间的关系，即如果某一个事件发生可能会引起其他事件一同发生，这种关系隐藏在数据中。经过多年的研究，Apriori 算法已经得到了极大的改进，引入了许多先进的技术，比如遗传算法、梯度算子、模拟退火等，提高了关联规则发现的准确度和高效率，具有重要的作用和意义。

（3）卷积神经网络。卷积神经网络是一种多层次的前馈型人工神经网络，包括两个关键卷积层，分别是特征提取层和特征映射层，这两个层次的出现使得卷积神经网络特别适用于图像处理。特征提取层能够与输入神经元进行有效连接，获取输入数据信息，从而可以提取一些图像特征，并且确定图像特征在图像中的相对位置。特征映射层可以将提取的特征映射到一个平面上，在这个平面上每一个神经元都可以赋予相同的权值，经过训练和学习之后，卷积神经网络就可以得到一个良好的神经网络结构，可以更好地应用于图像处理。卷积神经网络作为分类方法的一个重要算法，其可以描述更高阶的抽象复杂函数，该函数可以更加准确地识别语音、提取关键特征、理解语音内容等，进一步地准确发现人工智能的相关任务，可以更好地发现深度学习的观测值。

（4）K-means 算法。K-means 算法不需要已知数据的类别，它可以采用无监督的学习方式，自动地发现数据集中潜在的类别信息，针对这些信息进行分类操作，确保数据不同类别的相似性尽可能小，同一类别中的数据相似度保持较高。K-means 算法由于具有简单性、无监督性，已经在很多领域得到广泛应用，比如搜索引擎、基因序列识别、推荐系统等。

（二）图像处理中机器学习技术的应用设计

为了能够更加详细地说明机器学习技术在图像处理中的应用，以车牌图像中的字符识别为案例，引入卷积神经网络技术进行设计，具体的图像处理步骤如下所述。

（1）生成车牌数据集。本节与公安交通管理部门进行协商和沟通，采集了将近两万张车牌，这些车牌数据全部是交通监控视频拍摄的实际数据，噪声数据种类繁多且丰富，比如不同角度的光照、不同遮挡程度的照片、不同倾斜角度等，这些车牌数据经过归一化处理后，统一使用垂直投影法进行有效切割，删除车牌上的汉字或者字母，仅仅获取十个阿拉伯数字的个数。

（2）卷积神经网络输入层数据。本节利用卷积神经网络针对 0~9 阿拉伯数字字符进行标记，生成一个包含了一万张突破的训练数据集和包含一万张图片的测试数据集，然后使用二值化方法针对图片进行灰度预处理，将图片的大小统一设置为 28×28 像素，然后将像素保存到数据集中，以便能够输入训练和测试。

（3）卷积神经网络训练学习和测试。本节的卷积神经网络训练测试时使用 ReLU 激活函数，这个函数可以有效地加快神经网络收敛速度，还可以有效地减少神经网络设置参数。该网络包括三个卷积层、两个全连接层、一个池化层。卷积层 1 的 20 个 4×4 的卷积核与输入图像进行卷积，卷积步长设置为 2，可以得到 20 个 13×13 的特征图；卷积层 2 设置每一个卷积核大小为 3×3，卷积步长设置为 2，经过卷积训练后得到 50 个 6×6 的特征图；卷积层 3 设置每一个卷积核的大小为 3×3，卷积步长设置为 1，卷积后可以生成 60 个 4×4 的特征图；池化层的步长可以设置为 2，这样训练完成之后就可以获取 80 个 2×2 的特征图；全连接层 1 拥有 100 个神经元，全连接层 2 拥有 10 个神经元，三个卷积层、池化层 1 和全连接层 1 的相关激活函数设置为 ReLU 函数，同时全连接层 2 的相关激活函数可以设置为 sigmoid 激活函数。卷积神经网络设置完毕之后就可以进行训练学习，精确度稳定和收敛之后就可以进行测试，本节进行测试之后，图像处理的精确度达到了 98.2%，能够准确地识别车牌字符，具有一定的作用。

图像处理作为当前人工智能应用的基础技术之一，其可以有效地提升视频图像目标物体处理的精准程度，具有重要的作用。机器学习又是图像处理的关键技术，已经得到了很多人的研究，目前在中国科学院计算机所、浙江大学 CAD&CG 实验室等都提出了很多的新技术，大大地提高了图像特征提取的速度，还提高了图像处理的鲁棒性。

第六章 计算机图像处理技术的
应用与实践

第一节 计算机图像处理技术的应用

一、数字图像处理技术与 MATLAB 应用

数字图像处理是机器人视觉的关键技术之一，本节首先简要介绍计算机中数字图像定义与基本类型后，详细介绍了数字图像处理的常用方法，并对其优缺点与应用场合作扼要概述。其次引出数学软件 MATLAB 在图像处理方面的优势，分领域概述 MATLAB 在图像处理中的实际应用，并对其应用或开发的系统做简要评述。最后在总结全文的基础上提出下一步工作重心，基于 MATLAB 开发设计出一款数字图像处理系统，为机器人视觉计算等奠定基础。

图像通常有两类：一类是由无限稠密的点连续变化产生的模拟图像，如光学图像和电子图像；另一类就是以计算机方式采样并保存的数字图像。得益于计算机领域的快速发展，图像处理领域也在近年来逐步成长并完善成为相当实用的技术。

数字图像处理技术是通过信号采集将连续信号采样为离散信号，运用计算机相关计算从中获取有效信息的技术，在科学研究、工农生产、道路出行、民生国防等诸多领域有很好的应用。本节解读数字图像处理相关内容，

并结合 MATLAB 综述几个领域图像处理的应用实例，最后展望设计一款图像处理平台，为机器人视觉图像处理奠定基础。

（一）数字图像处理技术

1.图像处理概述

图像处理由于受到数据庞大、技术手段不成熟且处理难度高等因素的制约，其技术一开始并没有得到很好的应用效果。计算机技术急速发展，图像处理才有所进展。随着科技发展，除专人专用外，现已鲜有人使用胶卷去获取图像，取而代之的是依靠数码相机、工业相机、摄像机、扫描仪或者其他移动设备，通过这一途径取得的图像均是数字图像，图像采样在获取图像的同时已经完成。

2.图像处理目的

数字图像处理技术最初只是为了让图像的品质有所提升，将图像中不需要的部分消去，便于人们观察和识别。随着社会的进步与生活节奏的改变与需要，图像处理也从改善视觉效果逐渐转变到更为深远的层面，一是图像在传输或保存时占用大量资源，继而发展出压缩编码等节省储存空间和提升信息的传输；二是根据图像中包含的特征信息，使计算机更迅速更准确地识别图片，为机器视觉与机器辨识提供便利；三从信息安全角度，图像处理还可以进行图像加密，防止隐私泄密、保护国家或个人信息安全等方面。

3.图像处理技术

（1）图像预处理。图像预处理包含图像运算和图像变换。图像运算描述图像由一种状态转换为另一种状态，包含以下几个方面。

①像素运算：最基本操作，处理每个像素值来修正图像显示效果。

②代数运算：理解为数组间的运算，可用作本身算术操作，也可用作复杂图像处理的准备工作。

③几何运算：可看成像素在图像中移动的过程。

④逻辑运算：包含位与、位或、位补、位异或和位移位等运算。

图像处理主要手段之一的图像变换很好地解决了空间域中计算大或无法处理的问题，主要包含以下几种。

①离散傅立叶变换（DFT）：信号处理中最重要、应用最广泛的变换，根据某种变换关系将信号从时域变换到频域，经变换后在频域进行处理。

②离散余弦变换（DCT）：类似于DFT，但只使用其实数部分，因其运算快而广泛应用于图像压缩编码领域。

③离散小波变换（DWT）：是对DFT的一个重大突破，在时域和频域均有较好的局部特性和能量集中特性，在图像压缩和分割等领域解决了许多DFT解决不了的问题。

（2）图像增强与复原。适当的图像增强，能在图像去噪的同时保留其特征，使图像更加清晰明显，为观察者提供更为准确的信息。图像增强的方法主要有以下几种。

①灰度变换增强：通过提高图像对比度，使图像像素值均匀分布或者满足某种分布状态来增强图像。

②空域滤波增强：在空域中计算每个像素的灰度值来增强图像。

③频域滤波增强：图像经某种变换到频域，由该域专有性质处理后把所得数据反变换回原先空域中得到增强后图像。

④彩色增强：根据人眼的视觉特性，通过对物体进行彩色合成、彩色显示或改变彩色分布来突出不同物体间的差别，以提高解译效果。

图像降质的因素是多样的，若不考虑其原因，是很难得到满意的复原结果的。图像在复原细节的同时必然会混入噪声，而去除噪声的同时也会一定程度上模糊边缘，一般要对图像的退化机理做分析。但这种退化机理较复杂，实际中常用的线性系统退化原因，用近似的退化函数来复原图像。图像复原方法有逆滤波复原、维纳滤波复原、盲去卷积滤波复原等。

（3）图像压缩编码。未经处理的图像本身占空间较大，对其保存、处理或传送占用大量资源，因此要对其进行相应的处理。由于原始的图像数据含有大量各类的冗余信息，可以通过技术手段减少甚至消除这些冗余，在期望的条件下用尽可能少的数据量重构图像，这就是图像压缩编码研究的内容。

压缩编码分无损编码和有损编码。无损编码是保留全部数据的压缩方法，常用算法有算术编码、Huffman 编码、行程编码等，删除了图像中的编码冗余，对于颜色大体相同的图像压缩效果较好。有损编码的图像在还原时有一定程度的失真，但这种失真是可接受范围内的，如删除某些人眼无法察觉的颜色信息冗余。常用算法有预测编码、子带编码、统计分块编码和分形编码等，因其能获得很好的压缩比而在实际中应用很多，有如 JPEG 这样普遍应用的图像格式。

（4）图像形态学。数学形态学算法的并行结构可以并行处理图像，其优势便是使得图像处理更迅速。其基本运算有膨胀、腐蚀、开运算和闭运算，当处理二值图像时，形态学主要是用于提取处理所需的图像成分，基于 4 种基本运算可组合或推导出实际用途的算法，如边界提取、连通分量提取、凸壳、区域骨架的形态学算法等。当处理灰度图像时，利用 4 种基本运算可建立灰度级形态学算法，如形态学梯度运算边界提取算法、纹理区域分割算法、平滑及锐化处理算法等。这些算法在图像压缩、复原、分割、边缘检测、纹理分析或形状识别等领域非常有用。

（5）图像分割。一幅图像中既有"有效"的信息部分，又有"无效"的背景部分，有时候需要提取图像中某一个或某一些特定的对象，此时可根据这些对象具有的某种独特的性质，这些特定的性质可以是灰度、纹理、颜色或区域等，这就是图像分割。常用的分割方法有以下几种。

①边缘检测分割：检测不同部分的边界来分割图像，本质上是利用某种算法提取所需对象和背景间的分界线。

②阈值分割：按照灰度级整合像素集合，阈值的选取可以是多样的，

各区域内具有相同的属性，使用较广泛，如二值化分割等。

③区域分割：解决了阈值分割，阈值选取受限的问题，方法有区域生长法、分裂合并法等。

随着理论的推进，已有学者在图像分割中加入模糊理论、遗传算法、小波变换等研究成果，形成融合特定方法和面向特定图像于一体的现代分割手段。

（6）图像描述与对象识别。图像处理最后要达到的期望是对图像有一个客观的描述并且能够进行识别，涉及模式识别领域，要点是图像的特征提取。进行了前述一个或多个操作的图像预处理后，对图像进行特征提取，形成图像的客观描述，若注重于形状特征时，可采用外部表示法，若更侧重颜色、纹理等特征时，可采用内部表示法，当然很多时候会同时采取两种方法。抓取各对象间能代表本质差异的描绘子进行特征提取，得到计算机关于图像的认知，从而对图像进行比对、识别、分类等。常用的模式识别方法有决策理论方法、结构性方法和统计方法等。

（二）MATLAB 应用

1. MATLAB 简介

1984 年，Math Works 公司发布软件 MATLAB 1.0，鉴于其良好的开放性、计算稳定和易于上手等优点，几年内就淘汰了当时市场上控制领域的软件如 UMIST、LUND、SIMNON、KEDDC，成为国际控制界标准计算软件。如今 MATLAB 在数值计算方面首屈一指，广泛应用于控制设计、信号处理和图像处理，新版本中还加入了对 C、C++、FORTRAN、JAVA 的支持。

图像处理工具箱、MATLAB DIP Toolbox 囊括二十多类百余种图像处理函数，如图像导入 imread( )、图像导出 imwrite( )、图像呈现 imshow( )、图像调整 imresize( )、图像直方图 imhist( )、二维 DCT 变换 dct2( )、霍夫变换 hough( )、边缘检测 edge( )、图像膨胀 imdilate( )、图像腐蚀 imerode( ) 等。经过多年工程应用，很多科研工作者及编程爱好者也编写了许多经典的图像处理函数库，可直接修改调用，极大地方便了用户编程。

2. 图像处理应用

（1）工业生产领域。某些领域由于特殊的生产环境及粗糙的喷印状况，致使物资上的物料编码难以分辨，给企业的调度管理带来麻烦。为消除人工操作带来的弊端，实现物资自动化出入管理，图像处理技术在物料编码自动识别领域也大有作为。东南大学相关学者针对企业钢板自动识别的需要，设计一款基于数字图像处理的板号识别系统，该系统准确率达 99.02%，在特殊工况下应用较好。图像处理在检测有色金属时也有较好的表现，如铜矿石种类繁多，组成成分复杂，性质、状态等存在明显的差别，依靠人为检测具有较大的难度。计算机图像处理与识别技术有效地解决了铜矿石复杂的组成成分带来的问题，实践中取得了更为精确的检测结果。

（2）交通监管领域。智能交通系统关键的一步便是车牌自动识别，这也是建立在日益成熟的图像处理技术基础之上的，采用机器视觉及图像处理的方法代替人类视觉对图像进行分析，识别车牌号码。我国汽车保有量巨大，相应的车牌也较复杂。中文、英文、阿拉伯数字、特殊符号及颜色的组合提高了车牌识别的复杂程度，运用高级语言如 C、C++ 等进行图像处理对程序能力要求高、难度大且日后维护困难，基于 MATLAB 计算能力优势及各类图像处理函数库可降低编程和维护的难度与麻烦，判别迅速，已有诸多学者将其应用在汽车牌照自动识别中，基于 MATLAB 的车牌识别反应灵敏、识别迅速，应用效果较好，在各类车型与日俱增的大环境下将会发挥出越来越多的作用。

（3）监控安防领域。脸部特征是一个人的固有特性，发育成型的个体脸部能长期保持不变且个体间脸部特征迥异，是确定身份的有力凭据。因其具有方便友好、识别被动、用户易于接受等优势，应用人脸图像来证实和判断身份成为国内外监控安防领域研究的热点之一。

当今人脸识别主流方法是 Kirby 和 Turk 等为了解决高维度向量不紧凑

及计算分析上的难度与复杂度而提出的主分量分析子空间方法，较成功的有线性判别分析法、主分量分析法、矢量量化法、独立元分析法等。基于二维人脸识别技术已日趋完善，在相关应用中得到了较好的识别结果，但当发生姿位、神态、化妆或者光照等变化显著时，识别效果不太理想。近年来，学术界已经在三维人脸识别技术取得了一定的研究成果，借助如双目相机等手段获取景深，构造三维立体模型进行匹配，基于 MATLAB 强大的数学计算能力，使人脸识别技术朝着更加准确、高效、便捷的方向发展。

（4）人工智能领域。由于中国人口基数大，老龄人口与残障人口也数目众多，残疾人中尤以聋哑人数目最多。绝大多数人不能理解手语，传统的纸笔交流不仅费时耗力，还需极大的耐心，使得这部分残疾人在与外界沟通时存在着极大的交流障碍，极易导致自卑心理。在此背景下基于图像处理借助计算机、智能手机或其他智能穿戴设备的手势识别及表情识别便应运而生。已有学者通过 MATLAB 建立手势模型，利用分类识别的方法识别手势含义等，再借助人机交互设备进行行文显示，达到沟通迅速、便捷、无障碍是未来这一领域的目标方向。

数字图像处理技术借助计算机技术，能够实现图像处理的复杂运算，优势在于其精度高、应用面广、灵活性高及有很强的再现性，在许多领域和行业已得到广泛的应用。数字图像处理技术日臻完善的同时，也受到一些技术条件的限制，如数学理论的进步、计算机技术与性能的进展以及相关软硬件的发展等因素。

本节详细介绍了现阶段数字图像处理的有关技术以及图像处理 MATLAB 的相关应用，随着计算机硬件、通信技术以及其他科学技术领域新理论、新算法、新设备的提出，未来数字图像处理的应用领域将更加广阔，发展方向将是技术标准化、处理高速化、设备芯片化及智能化。

二、大数据技术在图像处理的应用

本小节从大数据技术在图像处理中的优势入手，着重分析了大数据技术在图像处理中的功能，并对其在图像处理中的具体应用情况进行了详细的介绍。最后在研究的基础上针对大数据在图像处理中的应用提出了具体的策略。希望借助以下研究和探讨能够对促进大数据技术在图像处理中作用的发挥具有一定的借鉴意义，以此来为图像处理领域的发展开辟出一条新的道路。

在图像处理过程中大数据技术凭借自身强大的功能优势，为图像处理提供了技术支持。尤其是其图像变换、图像编码压缩、图像分割、图像描述等各项功能更是极大地提高了大数据技术在图像处理过程中应用的可行性。并且，现阶段大数据图像处理技术已经被广泛应用在农业、纺织业、交通行业、工业等领域的图像处理过程中。为进一步促进大数据技术在各个领域的更加深入化发展与应用，我们应积极培养专业技术人才，加大资金支持，开展大数据技术专项研究。探索大数据技术在图像处理中的应用不仅能够提高图像处理水平，而且对大数据图像处理技术的发展有着深刻意义。

（一）大数据技术在图像处理中的优势

（1）再现性好。大数据技术能够凭借自身较强的图像原稿再现功能，来保证图像的真实性，使图像不会因为图像复制、传输等操作而降低图像质量。

（2）精度高。大数据技术下的图像处理能够将模拟图像进行数字化，使模拟图像成为二维数据组。并且，现代化的扫描技术能够将像素等级提高到 16 位，满足图像处理的精度要求。

（3）适用面宽。大数据技术下的图像有着多种信息来源，能够反映客观事物的尺寸。并且，大数据技术能够运用在航空图像处理、电子显微镜图像处理、天文望远镜图像处理等方面，只要图像信息能够被转为数字编码形式就可以进行大数据图形处理。

（4）灵活性高。大数据技术在图像处理中的应用不仅能够实现光学图像处理和图像的线性运算，而且还能够实现图像的非线性处理，运用逻辑关系或数学公式来进行数字化图像处理，灵活性较强。

（5）信息压缩潜力大。大数据技术下的图像处理中图像像素并不是独立的，像素之间有着较大的相关性。并且，图像像素有着相似或相同的灰度。图像像素之间的相关性使大数据技术下信息压缩成为可能。

（二）大数据技术在图像处理中的功能

（1）图像变换。大数据技术在图像处理中能够进行图像变化，图像处理过程中的图像阵列较大，在图像空间内进行图像处理的计算量较大，需要采取多样的图像变化方式，通过图像变化域处理，减少图像处理过程中的计算量，优化图像处理效果。

（2）图像编码压缩。大数据技术在图像处理中能够采取图像编码压缩技术，减少图像的数据量，进而节省图像处理和图像传输的时间，减少图像所占用的存储量。并且，图形压缩能够保证图像的真实性，图像处理效果较好。

（3）图像增强和复原。大数据技术下的图形增强和图像复原能够有效提高图像的清晰度，去除噪声，突出图像中的关键部分。图像复原需要根据图像降质过程运用大数据技术建立图像降质模型，并采用滤波方法对图像进行恢复或重建。

（4）图像描述。图像描述是图像处理的前提，现阶段常用的图像处理方法主要是二维形状描述方法，主要包括图像区域描述和图像边界描述。并且，随着大数据技术的发展，图像描述研究已经深入到三维物体描述之中，提出了图像表面描述、图像体积描述和广义圆柱体描述等方法。

（三）大数据技术在图像处理中的具体应用

（1）在农业图像处理中的应用。大数据技术能够应用在农业图像处理中，促进农产品加工的自动化操作，提高农产品的加工效率，进而节省农民的劳动量。例如，大数据技术图像处理应用于蘑菇自动化采摘系统中能够加强大数据技术对机器人的控制，实现自动化的蘑菇采摘，进而提高蘑菇采摘的速度和质量。

（2）在纺织业图像处理中的应用。大数据技术能够应用在纺织业图像处理之中，对纺织原料进行检查和分析，弥补传统人工检查的不足。具体来讲，大数据在纺织业图像处理中能够实现特征识别模式，提高了纺织原料评定的客观性和公正性。并且，大数据技术应用于纺织业图像处理中能够完善传统图像处理中的遗传算法和拓扑理论，优化大数据技术在纺织业图像处理中的应用效果，加强对纺织业产品质量的控制。

（3）在交通领域图像处理中的应用。大数据技术能够应用于交通领域图像处理之中，最常见的交通图像处理就是运用摄像头来记录交通违章行为图像，并将图像传输到计算机终端，进而对图像进行保存、分析，在图像处理技术的作用下提取出其中的重要信息，如违章车辆特征、车牌号、驾驶员有无佩戴安全带等。大数据技术应用于交通图像处理不仅能够记录违章行为，而且为交通运输构建了完善的监督体系，有效增强了交通的安全性。

（四）大数据技术在图像处理中的应用策略

（1）培养专业技术人才。专业技术人才是大数据技术在图像处理中的应用基础，只有专业技术水平过硬才能够有效保障大数据技术在图像处理过程中各项作用、优势的充分发挥。为此，我国应加大对大数据图像处理复合型人才的培养，实现大数据和图像处理之间的跨专业结合，为大数据技术在图像处理中的应用提供人才保障。在这方面，除了各个用人单位需要加大对图像处理人员的在职培训外，更需要人才输出重要部门——高校的努力来实现，在高校中开设大数据技术与图像处理相关专业，加强学生对大数据技术和图像处理技术的专业化学习，积极培养高素质、专业化的大数据技术图像处理人才，促进大数据技术在图像处理中的应用。

（2）加强技术研究。大数据技术在图像处理中的应用需要加强对大数据技术的研究，积极开发先进的大数据图像处理技术。为此，我国技术研究部门应积极设置大数据图像处理研究项目，并设置专项研究资金，组织专业化的研究人员对先进的大数据图像处理技术进行深入研究，不断完善现有的大数据图像处理技术，促进新的大数据技术的开发利用，探索大数据技术在图像处理中的科学研究方法。

三、Photoshop 图像处理技术的应用

在图像的处理过程中，必须要掌握抠图使用技能，掌握操作的关键点，严格按照要求，在满足特定需求的同时对图像进行处理工作。抠图也被称为退底或抠图像，图像的合成离不开抠图。其主要意义是将图像处理材料的各部分和背景分离。结合其他形式的图形，最终实现了完美和单一处理的组合，这样给人们以视觉的享受，对图像的处理成果的提高有帮助，可以切合人们对于图像处理效果的要求。

（一）Photoshop 图像处理

（1）形态抠图。当使用 Photoshop 图像处理软件处理一般的图像时，如果图像的各个边缘和轮廓都较清晰，为保证图像处理效果，应使用形态映射方法。在处理这类图像时，要借助边框和套索工具来辅助处理，再结合色彩搭配，合理选择需要处理的区域，最大限度地提升图像的质量。另外，使用快捷键 Ctrl+J，将图像拷贝到新的图层当中，再对图像进行提取，最终获得一个好的效果。如果图像并不规则且轮廓不清晰，就要借助钢笔工具，对选定的需要剔除的图像边缘进行绘制，执行 Ctrl+Enter 命令。针对不同的实际情况，合理地利用钢笔工具，对边缘的描绘要准确，才能提取到需要的图像，使形状映射效果更好。

（2）颜色抠图。当物体的背景过于单调时，会影响到图像的整体色彩

效果，这时就需要工作人员合理地调整背景色彩，以达到好的观察效果。在正常情况下，通过使用魔棒工具和快速选择工具时，结合颜色范围操作，对颜色进行调整的同时准确捕捉正确的区域，完成颜色抠图。在使用魔棒工具的时候，要充分考虑到不同颜色之间的相似程度，并通过设置容差保证在一定的区域内色彩重合度是适当的。在选择颜色时，要根据实际需要来设置相应的颜色，把握住细节，在对图像进行色彩填充时，结合图像的背景需求来选择颜色。在进行图像处理时，要将每一个环节都落到实处，保证色彩的合理性，达到颜色抠图的效果。

（3）蒙版抠图。利用 Photoshop 软件处理图像过程中，由于在图层与图层之间的拼接应用比较多，经常使用到蒙版抠图。进行图像处理时，对背景颜色的合理选用和应用画笔准确描绘轮廓是很重要的技能。同时在执行命令显示图像以及对图像的隐藏和删除操作中，也应用到蒙版抠图。另外，蒙版抠图还能在不损坏原图的情况下将区域和背景从原图中抠出来，因此，在进行图像处理时，可以合理地利用这些功能来达到一个好的抠图效果。

（4）通道抠图。通道抠图相比其他抠图来说更显专业，在图像处理中能够大幅度提升抠图的质量。通道抠图的步骤包含对通道的挑选、复制通道、优化色彩、加载选择和复制抠出。在抠图的过程中，要准确把握操作要点，确保在细节上做到万无一失以达到抠图的效果，贴合人们对图像处理的实际需求。如在过程中产生一些错误，一定要即刻采取相应的措施，以达到抠图要求。

（二）Photoshop 图像处理抠图方法的应用应该注意哪些问题

（1）合理选择颜色。在实际的抠图过程中，合理选择颜色是处理环节中不可缺失的一环。只有合理地选择一个正确的颜色，才能获得完美的加工效果，提高抠图效果。尤其是在使用通道抠图时，能否准确地选择颜色通道决定着抠图最后的效果是否理想。在图像处理中，要完整地对原始图片的背景色彩和对比度进行了解，在选择颜色的时候才能快步提升图像质量。此外，在操作完成之后要对图像进行检查，例如检查剔除的背景是否完全是黑色，并且没有额外的像素。同时，可以利用 Ctrl+T 进行操作，完成对正在操作的图像的转换，除此之外，要对自由变换选择框的范围进行检查，一旦超过设定的范围，要用画笔工具进行有针对性的修改，移除多余的像素点，以达到图像处理的理想效果。

（2）精准控制范围。当使用 Photoshop 图像处理软件进行抠图处理时，为了提高抠图的实际效果并完整提取所需图像，要求工作人员把握需要抠图的范围，这也意味着工作人员必须加强技巧学习，认真细致地对待抠图的每一个环节，掌握操作过程中的要点，合理把控抠图范围，避免发生图像轮廓损坏导致最终效果不好的情况。此外，还可以在抠图范围内进行适当微调，执行相应的操作即可。

（3）去除背景杂边。在保证理想的抠图效果的情况下，可以对原始图像背景中比较杂乱的边缘部分进行剔除，这是必须注意并仔细观察的部分。适当地调整图像的背景形式并将其与原始图像进行对比，可以方便检查图像中是否存在杂乱的边缘。如果在检查过程中没有出现此类情况，说明不存在杂乱的边缘。但如果图像的边缘杂乱，就要对其进行相应的调整，具体的操作如下：layer → trim → go edge。

（4）把握其他细节。当抠图要求不同时，应该合理考虑，有必要时进行讨论，掌握各个操作要点，保证抠图质量。例如，在处理玻璃、镜子和冰块这类有映射效果的物体时，就要整体考虑其三维效果。处理这类图像时，要区分"高光"和"暗色调"，并选择合适的操作来组合它们以确保图像达到立体处理效果。在图像处理过程中，要利用自身对图像加工细节的掌握，依照图像处理的要求，选择适当的抠图方法，设置图像处理参数，以满足人们的特定需求。

在利用 Photoshop 软件进行图像处理的过程中，我们不仅要合理地利用专业知识，还要掌握图像处理的每个环节，合理选择抠图方法，控制好抠图的每一个加工细节，需要仔细观察，操作过程和操作要点，确保每个细节准确，提高抠图的效果。只有充分掌握抠图的技巧，才能合理地利用Photoshop软件帮助提高工作质量。

四、电子监控的常见模糊图像处理应用

在信息技术飞速发展的带动下，电子监控在许多领域中都得到了广泛的应用，如交通监控、军事侦察、公共场所安全防范等，而电子监控图像的清晰度和质量直接影响着监控系统的实际应用效果。导致监控图像模糊不清的因素有很多，为了确保电子监控系统功能的有效发挥，有必要对模糊图像进行清晰化处理，对图像的质量进行改善。本节结合电子监控中一些常见的模糊图像类型，对相应的处理技术进行了讨论和分析，希望能够为电子监控系统功能的发挥提供一些帮助。

伴随着现代信息技术、软件技术、微电子技术等的发展，电子图像监控系统得到了越来越广泛的应用，其监控功能也在不断完善，在犯罪行为的侦查和防控中发挥着举足轻重的作用。但是，如果监控摄像头的安装位置不当、对焦不准或者受光线强度、雾霾等因素的影响，会导致图像模糊不清，导致无法对图像中的一些细节部分进行准确辨别，影响使用效果。在这种情况下，就必须对模糊图像进行清晰化处理，确保其能够满足实际应用的需求。

（一）电子监控中的常见模糊图像

电子监控系统通常包括前端摄像头、传输设备以及后端监控平台，可以实现对于视频的摄制、传输、显示以及存储等，对有效监控区域内的人员活动和事件过程进行真实记录，从而为刑事侦查、交通违章查询等提供相应的线索和证据，在当今社会中发挥着越来越重要的作用。

但是，受技术水平以及外部因素等的影响，电子监控系统中的视频图像信息经常存在着退化、变质等问题，图像的清晰度无法达到理想效果，

也因此影响了其应用功能，这种看得见但是看不清的情况，给分析和识别工作带来的很大的困难，也因此导致了监控系统作用的弱化。

比较常见的模糊图像包括几种类型：一是低对比度图像，主要是由于摄像头曝光不足或者曝光过度，导致图像的对比度无法达到预期效果；二是降质图像，主要是受外部因素的影响，导致图像的质量有所降低，如强烈的光照、暴雨、雾霾等；三是噪声干扰模糊图像，指噪声对摄像头造成的干扰影响了图像的清晰度；四是运动模糊图像，主要是目标在经过摄像头的有效范围时，处于高速运动状态，从而导致了图像的模糊，在交通系统中的模糊图像一般都是这一种；五是散焦模糊图像，是由于镜头对焦不准引发的图像模糊不清；六是低分辨率图像，主要是因为图像本身的尺寸太小，在放大后会显得清晰度不足，无法对细节进行准确识别。除此之外，受带宽以及存储容量的限制，在将采集到的视频图像传输到后端监控平台前，系统通常都会对其进行压缩处理，在压缩过程中，可能会导致部分细节信息丢失，从而影响图像的清晰度。

（二）电子监控中常见模糊图像的处理技术

模糊图像处理技术，主要原理是利用相应的数字图像处理算法，针对模糊图像进行清晰化处理，达到恢复或者强化原始目标细节的效果，使得图像可以提供更多有用的信息。而结合上述分析可知，导致图像模糊的原因是多种多样的，针对不同的模糊图像类型，必须采用相应的处理技术，才能够保证良好的处理效果。在当前的技术条件下，从图像的数量出发，模糊图像处理可以分为单帧处理和序列图像处理，具体选择哪一种方法，还需要根据实际需求进行明确。

（1）对比度增强技术。对比度增强主要是针对低对比度图像的清晰化处理，比较常见的清晰化算法包括直方图、灰度变换以及 Retinex 算法等，这里分别对三种算法进行简单分析。一是直方图法，或者说直方图均衡化，这是计算机视觉以及图像处理中的一种非常经典的点处理算法，在低照度狭窄灰度范围的模糊图像处理中应用广泛。相比较其他两种方法，直方图均衡化不仅能够对动态范围进行有效扩展，还可以保证灰度级的均匀分布。不仅如此，点处理的性质使得其不需要进行复杂的计算，因此效率更高，通常只需要一次图像灰度值的概率统计和映射，就能够达到预期效果。二是灰度变换法，其基本原理，是将原本的狭窄灰度范围结合线性或者非线性变换的方式，映射到更加广阔的区间内，可以对图像暗区的细节进行强化，而且容易实现，运算速度也较快。不过，其本身必须根据具体的亮度，对参数进行调整，适应性较差。三是 Retinex 算法，该算法提出于 20 世纪 70 年代，主要是依据色彩恒常理论，实现算法包括了递归实现、环绕算法、随机散布算法等，在色彩保真、对比度增强、动态范围压缩等方面应用广泛，效果显著。

（2）图像去雾技术。该技术主要是针对雾霾等恶劣天气下图像可见度低的问题进行处理，恶劣天气对于图像清晰度的影响体现在两个方面，一是大气中存在的尘埃、水珠吸收或者散射了目标物体的散射光，削弱了光线的强度；二是摄像头传感器感受到的光线中掺入了大气颗粒漫反射产生的光，降低了物体的对比度。与低对比度图像相比，这种模糊图像可见度的降低是空间变化导致的，与目标和摄像头之间的距离密切相关。

近几年，许多城市中的雾霾现象越来越严重，也因此推动了图像去雾技术的发展。不过，在实际应用中，由于降质模型缺乏有效的约束条件，因此需要结合一定的假设或者经验，对未知的传输系数进行估算，然后利用大气成像的物理模型，可以复原出清晰度较高的图像。

（3）图像去噪技术。图像去噪技术在计算机视觉以及图像处理中可以说是发展时间最长，研究也最为广泛的技术之一，主要难点在于如何在有效抑制噪声的同时，保持图像具备完整的纹理和边缘。一般比较常用的降噪技术包括单帧处理以及序列图像处理。

单帧处理能够直接利用图像像素的亮度值，进行相应的降噪处理，通过给定窗口内的像素加权平均，得到空间滤波的结果。不过，加权平均滤波仅仅关注了图像像素之间的空间距离，忽视了亮度距离。对此，相关研究人员又提出了双边滤波算法，同时考虑了空间和亮度距离，使得算法具备了更好的鲁棒性。在信号处理中，一般情况下将噪声看作是变换域中的高频部分，可以通过离散小波变换、快速傅立叶转换等算法，将图像转化到变换域，从而实现对于噪声的压缩或者去除。

序列图像处理主要是从视频序列中选择多幅连续的图像，然后针对每一个像素点分别进行去噪。在监控视频中，相邻的两幅图像基本上只存在极小的差别，综合多幅图像的信息，相比较单幅图像必然具备更好的去噪效果。不过，为了避免相对运动的序列凸显出现拖影等问题，必须首先对图像进行配准，确保平滑前的目标像素位于序列图像中的同一位置。

（4）图像复原技术。图像复原技术一般是针对散焦模糊图像以及运动模糊图像进行处理，具备良好的复原效果。该技术主要是依照图像退化的先验知识，构建相应的退化模型，以模型为基础，结合各种各样的逆操作，对图像的细节信息进行复原。需要注意的是，图像复原技术和图像增强技术同样能够提高图像的清晰度、对图像的质量进行改善，但是两种技术存在着本质上的区别。图像复原技术必须完全掌握图像退化过程的先验知识，然后通过逆操作的方式来获得清晰的图像，因此构建的模糊图像降质模型以及相关参数直接决定了图像复原的实际效果。与之相比，图像增强技术主要是通过对图像亮度值的调整，提升其视觉效果，不需要了解模糊图像的降质模型和参数信息。

比较常见的图像复原方法有维纳滤波、逆滤波以及带约束条件的迭代法等，其中，维纳滤波本身同样具备较强的去噪性能，可以将模糊图像与复原图像之间的均方误差降到最小，因此被广泛应用在模糊图像的处理中。

（5）超分辨率重建技术。受各种因素限制，当前几乎所有的电子监控系统都具有一定的有效监控区域，理论上可以反映监控区域内所有的人类活动和事件，但是相比较而言，区域中央位置的目标效果最佳，距离摄像头越远，物体的尺寸越小，所蕴含的细节信息也就越少。虽然在科学技术飞速发展的带动下，监控视频本身的分辨率不断增加，不过在固定监控区域的限制下，分辨率不足的问题始终存在。

超分辨率重建技术，主要是对多幅图像中所蕴含的信息进行融合，这样一方面能够对图像的质量进行改善，另一方面也可以提高图像的分辨率，而且由于获得的图像信息更多，相比较单幅图像的放大效果也要好得多。序列图像的超分辨率复原可以分为频域法和空域法，前者理论简单、运算简单，不过仅仅适用于线性空间不变降质模型和全局平移运动降质模型；后者使用的观测模型涉及了全局运动、局部运动、非理想采样等，具备极强的包含空域先验约束的能力，比较常见的方法包括凸集投影法、非均匀插值法、滤波器法、最大似然估计法等，在这些方法中，凸集投影法以及最大似然估计法是近几年相关学者研究的热点，具有良好的处理效果。

信息化技术的进步，使得电子监控系统得到了迅速发展，在许多领域中都发挥着非常重要的作用。不过在实际应用中，受各种因素的影响，图像很容易出现模糊不清的问题，给信息的识别和分析带来了很大的困难，需要结合相应的模糊图像处理技术，进行模糊图像的清晰化处理，从而帮助警方及时发现线索，提供可靠的证据，推动社会公共安全系统的建设和完善。

五、图像处理应用中数学形态理论的应用

图像处理是通过图像模型建立更直观地反映图形特征的一种手段，数学形态学在图像处理中的应用能客观地保持图像的基本性质、特征，提高了图像目标的清晰度，使图像边缘更为清晰、平滑，方便了人通过图像了解事物的本质，更好地发现问题、解决问题。

数学形态理论在图像处理中的应用使原图的特征更加清晰化、直观化，

方便了人对图形目标信息的判断和推定。其实所谓的数学形态理论在图像处理中的应用就是应用数学的集合论通过膨胀运算、腐蚀运算，将图形的元素更加具体化、形象化，所重新合成的图像不但保持了原图像的基本性质特征，还为图像的分析和系统设计奠定了基础。

（一）数学形态理论的发展和应用

20世纪中叶"数学形态学"被提出并得到了广泛的关注，随着人们对数学形态学研究的深入，之后几年"数学形态学"的理论体系得到了不断完善，并被广泛地应用于各种图形的处理。基于数学形态的图像处理系统实际是一种多学科交叉图像处理技术，其中对于数学微积分、积分几何、测度论等应用较多，此外还包含实验技术、计算机技术等，应用涉及工业控制、放射医学、运动场景分析等领域。其研究的重点在于图像的几何结构，利用数学心态学的膨胀运算、腐蚀运算等，使图像信息中的目标信息更为清晰、准确，能够客观、真实、清晰地反应事物的某一类特征，为人的分析、研究、决策提供依据。

（二）数学形态学的基本理论

数学形态学的基本理论就是二值形态学理论，利用数学的概念描述出物体的几何结构模型，反映出物体图像的本质。例如放射医学图像处理中，应用数学形态学提出描述人体某一部位的结合结构模型，先结合提取的该部位的几何结构特征对原图进行打散，形成无数的图像颗粒，这些颗粒在数学运算下构建成一个数学几何图像，包含图像的所有结构元素，再从中提取出物体几何结构的模式，直观地反映出物体的结构特征。最后根据模型目标选择几何结构的元素，使模型的某一结构元素较为突出，有很强的表现力，使人能够借助处理过的图像直观、准确地看出原始图像所蕴含的物体特征信息，并对这些信息加以利用，更好地对目标进行研究，从图像上直接找出问题所在，促进问题的解决和处理。

（三）数学形态理论在图像处理中的应用

数学形态理论在图像处理中应用的优势。数学形态理论在图像处理中应用的最大优势就是能够保留图像原有的信息，同时又易于硬件处理，更直观地反映出图形几何结构的特征。首先，数学形态理论依据形态滤波对图形的噪声进行处理，实现硬件并行处理方式，使图像处理与计算机、数学等学术领域的结合更加紧密，也使硬件能够快捷、真实、迅速地反映出图形的基本特征，形成对图像直观、清晰的描述。其次，数学形态理论对于图像的分割法简单、快捷，又能通过图像颗粒重组反映出真实的图像特征，保持了图像边缘的光滑、连续，并具有断点少、几何轮廓清晰等特点。再次，应用数学形态处理图像的理论简单，便于理解，例如极限腐蚀就如同一个特征团将相同的、相似的图像颗粒吞食掉，形成清晰的集合，反映出物体的几何特征。

数学形态理论的应用使图像结构元在几何上比原图像简单、直观，便于人的辨识和研究，结合数学形态理论对图形的处理思路就是，先建立具有某种性质的图像集合，其中存在思维的区别化和相似化，再结合集合之间的关系，应用一定的运算，使集合间呈现相互包含、击中、相离的形式，从而使图像的几何特征更为明显。以膨胀运算为例，A、B 为 Z 中的集合，其图像颗粒离散在 Z 集合之中，膨胀过程中 B 会像光点一样以一定为圆点向集合外映射，将其他的相似颗粒纳入其中，B 膨胀后与 A 会产生至少一个非零公共元素，形成了 B 集合的膨胀现象，图像的边缘会加深、变得清晰顺滑。在实际应用中，集合的膨胀分为垂直膨胀、水平膨胀，膨胀后得到的结果也不是图像处理的最终结果，其中还需与腐蚀运算相结合。所谓腐蚀运算与膨胀运算有一定的相似，都是将相同、相似或相近的图像颗粒进行集约、归纳，形成更为清晰的几何图像表达。例如，A、B 为 Z 中的集合，A 被 B 腐蚀，B 就会包含 A 的某一结合特性。利用膨胀和腐蚀的极端将一些图像颗粒重叠，重建原图，形成结构元大小、形状相似的新图像，能客观地反映出原图的几何特征，在新图像中能找到原图所对应的呈现，其构成新图的单个颗粒分割来源于原图的离散，离散后的图像颗粒通过膨胀和腐蚀变化形成二值图子集，在数学集合的支持下重建原图成像，形成清晰、直观的影像，便于人对图像特征的判断与研究，提高处理图像问题的效率。

数学形态理论在图像处理中的关键是结构元素与具体问题的紧密联系，其研究的重点也是如何使结构元素与具体问题更好地结合，以便模型图像在解决问题中发挥更大的作用。当今，色彩图形处理是数学形态理论在图像处理中应用的重点和难点，如何结合网络、模糊数学等知识体系，更好地建立能够客观描述和反映图形特征的模型，并确保图像的颜色不丢失是数学形态理论在图像处理中应用的未来发展趋向。鉴于数学形态理论这一发展趋势，一方面要深入研究数学形态学与模糊数学、网络技术等的融合，使其建立的图像更能真实、客观地反映原图的几何机构，为参考者提供更加可靠、清晰的图像。另一方面，要结合图像需求的发展方向研究数学形态理论在图像处理中的应用，以促进图像处理在各行业中应用效益的提升。

六、遥感图像并行处理的研究与应用

随着时代的发展，数字图像处理技术的运用非常广泛，也应用于遥感测量中。本节根据遥感图像并行处理的发展，针对处理过程中所出现的一些重要理论，进行了相应的解释，根据处理过程中所出现的概念进行了叙述，并且针对在处理图像过程中出现的一些图像识别等问题进行了简要的分析，并针对处理图像过程中所存在的一些问题，提出了一些可参考性的意见。

随着科技的逐渐发展，数字图像处理也面临着一定的挑战，如何利用计算技术处理问题，也成为解决这种困境的主要途径，遥感作为一门新兴的技术，无论在任何方面都受到了重用，而随着遥感技术的发展，它所带来的信息量也是巨大的。在这种背景之下，如何对遥感领域所出现的一些数字图像进行处理，也变得非常的急切，只有将遥感图像并行处理做到极致，才能够真正解决目前所出现的一些问题。

（一）并行处理技术在图像处理领域的应用

（1）图像分割技术。在图像处理技术的过程中，为了能够很好地对图片进行识别，帮助后期的分析，需要求相关负责人在对图像分割技术，也就是对图片进行处理的过程中，对于细节的分析是非常重要的，提出了很高的要求，只有对细节更好地做一定的处理才能够为后期统计图像，提供出更加准确的数据。

为了能够更好地提高图像分割技术的准确性，就要求在对图像进行分割的过程中对可以利用并处理的方式对分割的图形，首先进行一定的计算，再进行分割，也就是在分割的过程中分步骤操作，保证图像在分割过程中真正做到精细化，并对图像分割处理的不同，需对图像进行一定的检测，在分割过程中及时监测参数是否发生一定的变化，对一些较为明显的边缘数据要进行一定的记录，以防止后期发生相应的问题。为了能够保证并行处理的计算方式达到精确度，要求对图像进行处理的过程中，图像所出现的不同纹路都需要进一步计算，确保图像的处理真正做到精细化。

（2）图像滤波技术。利用并行处理量对图像的高斯过程进行统计数据的过程中，由于高斯过程会导致一些噪声的问题，可能会对图像的滤波发生较为严重的影响，这也要求在处理图像的高斯计算中，需要对噪声进行简单的处理，要求在最大限度地减小图像的滤波所出现的可能会造成一定影响的噪声。相关负责人在进行处理的过程中，可采用数学迭代重建的计算方式，也就是对图像进行定型处理计算时，把控图像的空间域，也能够防止噪声对图像信息的影响。

而并行处理本身就对遥感图像处理带来了一定的益处，能够在一定程度上融入滤波技术，能够更好地实现对图像处理过程中所出现的一些噪声问题，并且还能够更好地保留图像数据所存在的一些细节，保证了并行处理过程中图像的完整性以及精确性。

（3）图像的特性识别和提取。目前在针对遥感图像的处理问题过程中出现了对于图像的识别以及处理问题，我们可以通过运用并行处理的方式对图形处理图像过程中的变量进行计算，并对图像进行并行处理测定，能够很好地解决处理图片过程中所出现的一些问题。

本质上来说，图形的特性、识别和提取，通过对图像的信息的统计时间，对图像中特性信息的获取，能够很好地识别图像的特性，通过对并行处理计算的运用，真正实现对图像平移和尺度的测量。但在对图形进行测量的过程中，也经常出现一些数据不稳定的现象，导致对整个图像的特性发生一定的变化，无法将图像所出现的真实的特性进行识别，在对图像进行特性的稳定性调查的过程中，需要提前对图像内容进行相应的分析，并且一定对图像内所出现的内容进行识别，利用并行处理方式，加强图像线性判别的能力，真正提高图像特性以及数据的稳定性。

（4）图像复原技术。随着时代的发展，图像复原技术逐渐被大多数人重视，而开发图像复原技术能够很好地提高那些具有重大价值图像的质量，例如在对图像要进行一些特效处理的过程中，或是因操作失误导致图像进行一定的损害，在发生这些情况时，都可以采用图像复原技术，能够帮助图像恢复原来的状态。

图像处理技术在 20 世纪就已经逐渐开始发展，专家也相继将自己所掌握的图像恢复技术进行了一定的论证。但是随着时代的发展，对于图像恢复的要求也逐渐增高，原有的技术很难再适应当代社会的逐渐发展，因此越来越多的人开始着力于提高图像处理技术，目前采用并行处理方式对图像进行修复也是一种很好的方式，通过对原始图像的数据进行分析，来重新修复图像，并行处理技术能够很好地估算出原始图像所存在的一些数据，为后期的图像恢复过程中提供了较为准确的数据。

（二）并行处理中存在的问题及其前景展望

随着科技的逐渐发展，并行处理技术也在不断进步中，目前在理论知识及实际过程中仍存在很大的不同，在进行并行处理图像的过程中，由于一些技术并不成熟，导致在进行处理的过程中，无法导出较为精确的数据，导致在对图像进行并行测量的过程中数据为粗糙。

由于目前并行处理技术的发展仍然存在着很大的空间，这也要求在进行发展的过程中，除去对于理论知识水平的进步，也应当着重提高在实际操作过程中并行处理技术的快速发展。利用并行处理图像问题，能够很好地促进图像的滤波以及特性识别、提取等技术，相信在未来图像与信号处理，能够更加优化，并且通过并行处理方式将图像与信号处理两者进行完美的结合。

目前，并行处理技术在工业生产过程中，利用率越来越高，在处理技术方面的要求也逐渐提高，传统的二维处理技术已很难再满足现阶段的要求，应当向多维方向进行发展，对于图像的维数的增加，也对变形处理图像提出更高的要求，在一定程度上会提高数据处理的时长，如何能够解决在提高处理质量的同时，缩短处理时间，是需要尽快解决的问题，在对于并行处理图像技术的过程中，没有制定较为完整的优化修复技术，也就是对于图像修复方面的技术较为低劣，这对并行处理技术在图像处理方面的推广，造成了一定的阻碍。要求广大专家在进行并行处理技术研究的过程中，也应当着重注意对并行处理技术制定较为统一的优化标准，提高并行处理技术的使用范围，真正使得并行处理技术能够拥有理论上的支撑，并且根据并行处理技术的本质特点，提高其适用内容，提升应用效率，进一步推广并行处理技术在图像处理方面的使用范围。

综上所述我们发现，目前并行处理技术已经发展得较为完善，但是并没有形成较为统一的使用方法，这也使得在利用并行处理技术的过程中，很难拥有准确的评价体系，这要求在发展并行处理技术的同时，根据目前科学技术水平，继续开发并行处理技术，使其更加广泛地应用于工业以及各个方面，将并行处理技术的应用更加完善，建立统一的评价标准，促进我国经济的快速发展。

七、模式识别在图像处理中的应用

对于模式识别一般是这样定义的，它指的是能够分析处理体现事物或现象特征的各种信息，进而完成描述、辨别、分类和解析事物或现象的一个流程。模式识别是计算机领域一个较新的学科，其历经了数十年的发展历程。近年来，随着计算机和人工智能的迅速崛起，在图像处理中越来越多地用到了模式识别技术。本节以模式识别技术的本质和相关特性为切入点，详尽分析了它在图像处理中的运用情况。

从定义上来说，模式识别就是一个典型的人工智能技术，在工业生产或者日常生活中，借助模式识别技术可以很容易进行智能化识别，特别是在现代计算机技术基础上，模式识别得到了越来越广泛地运用，发挥的作用也越来越重要。

（一）模式识别内涵及特征

（1）基本内涵。在当前信息化社会下，计算机技术飞速发展，信息技术和互联网技术被运用在了各行各业，模式识别技术的产生，正在逐渐淘汰传统人工脑力识别。智能识别可以明显提升对事物特有信息的辨识能力，这能够大幅度提升总体工作效率，而且在精度方面也毫不逊色。人类在这么多年的发展之中，无论是面对何种事物，都需要进行以下环节，分别是辨识、分析、描写、解析、分类和判断，如此种种在当前信息技术的支持下，便完成了向智能化的转变。当人类发明计算机之后，人工智能技术异军突起，为了提升工作效率，技术人员便在计算机系统中加入了智能识别技术。

（2）主要特征。模式识别探讨的重点在于自动化人工智能技术，借助计算机这个平台，能把部分识别模式分置到各个系统模块，进而完成计算机的自动识别功能。模式识别在各个方面的使用成效显著，模式设计的理念源于对人的模仿，这是对人脑识别的一种借鉴，这时涉及的数据信息就比较大了，由此可以实施快速自动识别。模式识别不同于以往的计算机技术，它具有很强的实践性，而且还比较抽象，其在工程实践中有极大的发展前景。

（二）模式识别在图像处理中的应用

（1）细胞识别。现代科技的快速发展，加快了模式识别技术的深入推进，模式识别使用的领域也逐渐增加，特别是在图像处理环节，它的使用效果特别显著，在这中间细胞识别技术又是研究的重点，该项目的核心就是研究疾病治疗的相关知识。在临床医学的诊断中，如果只是借助单一的症状进行判别，是无法精准地辨识出病症类型的。这一点在一些不常见病症的诊断过程中最为明显，只有使用最为科学合理的识别技术，那些漏诊和误诊的现象才能得到有效地避免。这里所要描述的细胞识别技术，就是通过使用显微镜等设备对病人细胞展开研究和分析，继而判断病情。值得注意的是，这一切必须要在模式识别的支持下才能够实现，对某区域典型特征进行详细分析，灵活运用模式识别技术，提升整个系统的性能，充分发挥显微镜对细胞的解析能力，精准诊断出病人的病情和关键病症位置。

（2）字符识别。在图像处理中，还有一个极为重要的内容就是字符识别。关于字符识别，我们首先要弄清楚其要进行识别的对象是哪些，经过研究发现主要就是不同的数据和文字信息。对于文字信息而言，其中的种类比较多，这里面最常见到的就是文本信息，而文本信息中最多的就是印刷体和手写体两种，这也是运用最多的两种，它们几乎涉及了所有的文本模式。在进行信息处理时，第一步要做的就是对识别对象进行合理的编号，在这个过程中几乎都运用的是阿拉伯数字。毫无疑问，阿拉伯数字在各行各业各大地区中的运用都是最多最广泛的，它随处可见于各种政府公文、企业财产预算等。通过使用模式识别技术，可以把这部分数字型的文本信息，在实体空间内进行信息接收和预处理，进而实现特征抽取，并由此搭建起一个知识库，方便今后对字符的统一辨识。

（3）语音识别和指纹识别。我们都知道每个人在进行发音时都是不一

（3）语音识别和指纹识别。我们都知道每个人在进行发音时都是不一样的，这是因为每个人在音色、音调上有很大的不同，指纹也是每个个体所特有的，只有在极其小的概率下，语音和指纹才能被完好复制，鉴于此，语音识别和指纹识别被普遍运用于各行各业。指纹识别的推广，主要原因是每个人的指纹是不同的，这在公共安全领域尤为明显。

总而言之，模式识别就是使用各种分析处理措施，对具有独特性质的图形、文字等进行实际意义上的辨识、描述和分类处理。虽然模式识别能力在近年来发展迅速，但是相比于人脑识别，它的能力还是相对较差的，使用设备进行较难问题的有效识别，在技术上还是有很长的路要走的，如果要在此实现突破，笔者认为最好的突破口就是使用交互识别法，这种识别方法的好处在于，当机器在难题识别陷入瓶颈时，能够及时地呼唤人工操作。要想探究模式识别技术在图像处理技术的实际应用情况，笔者建议从识别方法和识别进展等视角切入进行研究最为理想。

八、数字图像处理中的图像分割技术应用

随着电子科技的进步，数字图像处理分割技术也不断发展。其中，图像的分割是图像处理中最困难的任务之一，图像分割技术借助数字处理的底层技术来实现模式的识别功能。本节阐述了图像分割技术的基本原理，对图像分割的方法进行了详细的分析和论述，分别从图像分割技术在机车检测、生物医学工程和遥感工程几个方面的应用进行了介绍，并对图像分割技术在广告监测方面的应用进行了研究，提高了电视广告监管监测工作的效率。

近年来，数字图像技术被广泛应用。数字图像技术是在数字技术与电子技术的基础上产生的。而图像分割技术，又是数字图像技术的重要组成部分。图像分割是由图像处理过渡到图像分析的关键一步，所以一直受到人们高度的关注。随着人们对图像分割技术的掌握程度越来越高，图像分

割技术也广泛地运用到了实际生活中。图像分割技术主要是从图像中获取所需要的目标，从而对图像进行分解。

（一）图像分割技术简介

对于数字图像，在探究与使用过程中，只是针对图像中的某个点或者某个部分，那么这样的一部分图像就可以被称为目标或者前景，图像的其他部分就被称为背景。为了更好、更清楚地区分要分析和辨别的目标，需要把这一部分提取出来，这就是图像分割。

（1）基本原理。从广义上说，图像分割是根据图像的一些特征和特征的集合的相似程度，对图像进行一定比例的重新规划，使得图像像素更加清晰，重新分割的部分要连接恰当，并且不重复、不叠加。重新分割的图像，要具有一定的连贯性，并且画面内容没有改变。

（2）图像分割的种类。由于图像分割的标准不同，针对不同的要求，采用对应的分割方法进行分割。图像分割有多种方法，根据使用目的的不同，可以将其分为粗分割与细分割；根据图像内容不同，可以将其分为分割灰度图像与分割彩色图像；根据分割图像的区域差别，可以将其分为分割静态图像与分割动态图像；根据图像的构造不同，可以将其分为多维度图像，例如一维度、二维度、三维度等；在不同的领域应用范围内，可以分为医学图像分割、工业图像分割、安全图像分割、交通图像分割和军事图像分割等；根据用于知识点的特点和层次的不同，又能分为数据驱动和模型驱动两种。由此可见，图像分割根据其要求不同，会产生对应的分割方法。

（二）数字图像处理中图像分割的方法

（1）数字图像的阈值分割法。数字图像的阈值分割法是将数字图像的区域用几个或者固定的阈值进行分割，并且在种类相同的像素中，具有灰度值的物体，被当作为同一物体。数字图像的阈值分割法，具有简单便捷的特性，使用范围较大，其利用的是图像的恢复特征。对于数字图像的阈值分割法，光照、噪声会影响阈值的确定，这是数字图像的阈值分割法的关键问题。为有效地解决此类问题，将图像中的直方图，用函数来计算，用概率密度来近似，从而确定灰度值的最小范围，这样就有效避免了错误的分割。这种方法在物体和背景之间的区域分界是比较明显的，换句话说，在物体和背景的灰度值差异明显的情况下，会比较容易分割。

（2）数字图像的聚类分割法。聚类分割法是通过图像的聚类，将图像的不同区域表示出来，并将灰度图像与彩度图像相同的区域，与相似的色度进行组合。聚类分割法实际上是将图像分割问题，直接转化成模式自动识别，从而进行聚类分析，将图像进行分割。像素的空间聚类分割，属于聚类分割法的一种，其主要的特点是，在规定的范围内进行图像分析，使得图像内容更真实地反映出来，具有一定的真实性与准确性。

（3）数字图像的边缘检测分割法。数字图像的边缘检测分割法是非常有用的图像分割方法。数字图像的边缘检测分割法，原理非常简单，效果也十分明显。当边缘物体受到注视的时候，其最受关注的部分便是其边缘部分。数字图像的边缘检测分割法，对于被分割的图像，其信息突然变化的部分被称为边缘部分。其既是图像区域的结束，同时也是开始，利用这样的方法进行图像分割，效果更加明显。数字图像的边缘检测分割法中，Sobel 算子是检测边缘的重要依据，Sobel 算子从不同的角度与方向进行边缘检测，Sobel 算子可以强化像素的权重，能够对边缘进行更加全面地检测，采用这种方法检测出的边缘，亮度更加完整，画面非常清晰，同时还可以防止噪声。Hough 变换方法，是采用图像本身的特性，对图像的轮廓直接进行检验，将像素边缘连接起来，从而组成封闭的边界区域，是一种常见的图像分割方法。Hough 变换方法，在图像原有状态下，能够更加容易地取得边界曲线，并且将散落的边缘像素进行连接。Hough 变换方法具有点和线的对偶性质，在图像变换之前，存在于图像的空间，在图像变换之后，存在参数空间。Hough 变换方法的图像空间与参数空间，可以进行相互变换，图像空间中的中共线点，对应参数空间的中相交的线。Hough 变换方法中参数空间里所有相交的点，在图像空间中都对应一条中共线，将其称为点和线的对偶性。基于这样的性质，图像空间的直线检测问题，可以直接转换成参数空间的对应点检测问题，从而在参数空间里进行运算，更加简便地完成图像检测任务。

（三）图像分割技术的应用

（1）在汽车车牌识别方面的应用。车牌的自动识别就是指监控的大门可以通过对来往的车辆识别系统来辨别车辆是否属于本单位，从而决定是否自动开启大门。这个识别的系统可以很好地提示工作人员，也可以将需要的新增车辆加入车辆自动识别的系统中来，具有识别速度快、准确率高和耗资低成本少的特点。

（2）在生物医学工程的应用。图像分割技术在医学行业具有重要的应用。利用图像分割技术，能够对 GVF 模型图像进行分割。GVF 模型脑部图像，其中有大量的脑层凹陷，在用传统的 Snake 模型分割方法，对 GVF 模型脑部图像进行分割时，会造成脑层凹陷向深度弯曲，容易出现边界错误，导致图像分割困难。GVF 模型图像分割，可以解决此类问题，其采用以轮廓为中心的方法，给新的模型设定较大的范围，进行搜索，再利用 GVF 模型作为基础进行运算，提高收敛速率，从而可以有效地处理凹陷部分，提高图像的分割质量。

（3）遥感工程方面的应用。在遥感的方面可以对油库或者同类型的目标进行检测和定位，油罐在光学烟杆图像分析中，有一定的特殊性，在基本情况下，油罐的形状是圆形的，并且颜色均匀。因此，在对遥感方面的油库进行定位时，可以利用油罐检测出椭圆，再将检测出的椭圆形状进行分类，通过集中分布的方法，从而确定出油库的位置。实验证明，增长区域聚类法能够较大程度地定位油库检测的位置。增长区域聚类法就是对油罐的椭圆形状进行有效定位，将椭圆作为像素，从而进行图像分割，将围绕在一起的椭圆进行分类，再利用区域生长原理对其进行定位，从而确定油库的位置。增长区域聚类法能够对油罐的位置精准定位，再确定出油库的位置，还能够对虚假油罐信息进行排除，准确程度更高，速度更快。

图像的数字处理已经成为现代化不可或缺的基本技术，图像分割技术也广泛运用到了生活中的多个领域。其中，图像分割的理论和新算法一直在不断地出现和进步，实际运用的范围也越来越大。图像分割技术，在数字图像领域具有较大的发展空间，其包含多种类型的分割技术。比如，人工智能技术的使用、分形理论、模糊数学和形态学等。图像分割技术越来越多地为人们的工作和生活提供便利。

九、图像增强技术在印前图像处理中的应用

图像是我们生活中获取信息的一种媒介，而印刷品作为图像的载体，在我们生活中大量出现，尤其是大量的彩色印刷品的出现，极大地丰富了人们的日常生活。对于印刷品来说，除了需要较好的印刷技术以外，同时也需要强劲的印前技术。印前技术一般是指对图像、图形以及文稿的处理过程，其包含很多工艺步骤，是一个复杂的实现过程。对于印前图像来说，印前技术是改善印刷品呈现品质的一个关键环节，而这个环节若想获取性能的极大提升，需要采用相应的增强技术。基于这个背景，紧紧围绕图像增强技术在印前图像处理中的应用这一主题，从空间域和频率域两个方面来阐述印前增强技术。

图像增强技术是改善图像特性的一类强化技术，其能够从图像的像素清晰度、图片对比度、亮度以及色度等相关方面改善图像的成像质量，从而为获取高质量图片提供基础支撑。对于图像处理来说，高质量图片的提供是传达精确信息的首要基础，但是由于拍摄者的拍摄水平以及环境情况，导致获得的原始图像质量不高，这类图像如不进行增强处理，当经过印刷后，必然很难获得较为满意的印刷品。由此可见图像增强技术的重要性。基于

这个背景，深度解析了图像处理中的增强技术，如基于空间域的增强技术以及频率域的增强技术等，从而为从事相关工作的人员提供一定的科普。

图像是我们日常生活中获取信息量最大的一个媒介，无论是新闻报道还是电视、电影等，在传播信息的同时，也因其具有强大的色彩与表达，给人以一种情绪的映射。因而可以说五彩斑斓的图像，给了我们一个丰富多彩的世界，使我们的人生充满意义。而对于图像来说，一个图像的形成，包括硬件设备的信息提取，数字化以及图像处理技术的应用，经过传输，而到达我们的眼中，形成美妙的投影。在这个环节中，图像处理技术则是关键技术。一般来说，图像处理技术主要包括图像的变换、图像的压缩与编码、图像的增强与复原、图像分割、图像描述以及图像检测等几个重要技术环节。可以说，图像处理技术不是一个单一的技术，而是一个图像处理各个环节所涉及的技术的统称，是一个系统化的技术簇，因而在行进图像处理时，需要根据目的来选取适合的图像处理技术，从而达到事半功倍的效果。在这个技术体系中，图像增强技术是一类重要的处理技术。对于图像增强技术来说，其主要内涵就是通过对目标图像进行处理，提升目标图像的清晰度，改善其带来的视觉效果，有选择地提取人们感兴趣的特征信息，降低无用的冗余信息，从而提升图像的信息承载率，提升图像的利用价值，使整个图像相比原始状况更加符合人们的需求，降低人们对于图像质量下降的因素。

（一）空间域增强技术分析

（1）直方图灰度变换。直方图灰度变换是图像处理技术体系中基于空间域的图像增强技术的经典技术。灰度直方图是统计目标图像的特征的重要处理方法，其反映了图像中每一级灰度对应的频率区间的关系，其反映了图像的像素分布和图像整体概貌的一个关键方法。一般来说，图像中每像素点对应的灰度分布密度函数利用相应的积分函数可以得到。经过直方图变换后，那么图像的像素灰度分布图在分布域上分布得更为广泛和分散，那么图像的像素点之间的差别就会进一步扩大，进而提升图像的质量。直方图灰度变换的空间增强技术是经典的图像增强技术，其最大的好处就是利用相邻像素的关联性来实现图像的超分辨，其增强效果较好，但是由于有着大量的微分积分过程，因而增强效率低下。

（2）平滑滤波器。平滑滤波器是通过傅立叶变换，将图像映射到傅立叶空间域，从而实现对高频信息的抑制或者消除，而对低频信息不起作用的一种图像优化技术。利用平滑滤波器的这个性质能够实现对图像的平滑处理，降低图像的噪声信息，从而起到图像质量增强的效果。通过平滑滤波器对于图像的相应处理，能够改善图像的边缘模糊、线条不均匀等问题，从而提升图像的质量。相比于直方图变换技术来说，平滑滤波器技术更加简单，操作方便，易于实现。但是平滑滤波器这个技术也存在一个不可忽视的问题就是容易因为平滑处理的机制造成图片局部清晰的区域发生失真，从而造成清晰度的下降，因而在利用空间域增强技术对图像进行增强时，需要根据需求来合理选取相应的技术。

（二）频率域增强技术分析

（1）同态滤波器。同态滤波器是一种基于频域增强技术的滤波器，在频谱域增强方面技术发展较为先进，得到了广泛的应用，并且目前很多滤波器都在同态滤波器的基础上进行研究创新。同态滤波器技术的工作过程主要是首先在图像的频率将图像的动态范围进行压缩，与此同时加强图像的对比度，所以说同态滤波器是加强图像之间对比度的一个重要方法。基于同态滤波器技术的基本原理，同态滤波器技术只能够对图像的高频和低频分量的滤波器进行组合，从而提升图像像素灰度的动态范围和图像的对比度，但是同态滤波器存在一个较大的缺陷，就是同态滤波器在对图像进行处理时对于图像中背景的调整强度过大，从而导致图片的偏色现象比较严重，尤其是在进行印刷时容易造成图像印刷质量不高、图片印刷不清晰、图片印刷的颜色结果与预期不相符等问题，这对于一些对图片质量和分辨率要求较高的情况而言显然是不适用的。因此，同态滤波器作为一种基于频域增强技术的滤波器还有很大的发展空间，需要进一步改进其工作效果。

（2）巴特沃斯高通滤波器。除了同态滤波器以外，还有一种基于频域增强技术的滤波器就是巴特沃斯高通滤波器，该滤波器是另一种频域增强手段。一般来说，在对图像的处理过程中，图像的边缘、细节、灰度变化较快的区域与图像的高频部分有关，所以对于这些区域的处理成为非常关键的问题。而巴特沃斯高通滤波器就是根据这些问题而设计的，采用巴特沃斯高通滤波器能够实现图像边缘信息的提升，从而对图像的边缘部分有更加好的处理效果。巴特沃斯高通滤波器的处理过程和平滑滤波器处理方式相反，其提高图像高频部分信息的显示结果的方法主要侧重于对于低频信息的抑制，然后通过傅立叶变换来实现边缘强化的效果。通过这种方式，能够突出高频部分的优势，将高频信息更好地显现。目前在图像处理过程中对于图像的边缘、细节、灰度等部分的处理成为该领域研究人员非常关注的问题，这也使得巴特沃斯高通滤波器有了很大的应用空间，相关研究人员也正在对巴特沃斯高通滤波器进行进一步的研究和改进，希望能够得到更好的应用，并且进一步提高巴特沃斯高通滤波器的性能。总的来说，巴特沃斯高通滤波器是一种效果比较好的基于频域增强技术的滤波器。

在当今的时代背景下，图像成了我们生活中获取信息的一种至关重要的媒介，尤其是图像印刷品作为信息传播的载体，不仅仅能够传递信息同时也能够丰富人们的生活。所以说，保证图像的质量，使得图像更好地为人们传递信息，增强人们阅读的视觉感受是非常重要的。对于图像来说，图像增强处理技术是提升图像质量的关键技术，在为我们提供高质量图像印刷品方面起到了非常关键的作用，所以说加强对于图像增强处理技术的研究是非常重要的，也是当今时代所需求的。因而本节就图像增强技术这一背景，从空间域的直方图灰度变换、平滑滤波器和频率域的同态滤波器、巴特沃斯高通滤波器等方面来对相应的图像增强技术进行了分析，以做科普。

第二节　计算机图像处理实践

一、FPGA 的图像处理系统算法

智能机器人、多媒体及计算机的诞生都离不开数字图像处理技术，随着计算机智能化图像处理技术的不断发展，几乎所有领域当中都有数字图像技术的身影，例如军事、公共安全、工业、航天航空、卫星遥感以及生命科学等各个领域。因此对图像处理技术的要求也逐渐提高，需要数字图像设计朝着高效性和时效性的方向发展，本节就此分析了 FPGA 技术下的图像处理系统算法。

（一）FPGA 技术

（1）FPGA 技术原理。FPGA 通常包括两个部分，分别是储存编程数据的软件 SRAM 和三项可编程电路，三项可编程电路分别是互联资源、输入模块、输出模块和可编程逻辑模块。FPGA 中主要部分就是可编程逻辑模块，这一模块能够落实逻辑功能，同时还可以参考设计要求，灵活选择设置或是连接，从而实现各种逻辑功能。而输送模块则是芯片与外部环境进行连接的主要通道，能够促进内部逻辑阵列和器件引脚的连接，同时实现各种电气特征下的输送功能要求。芯片四周通常会排列 IOB。

（2）FPGA 技术特点。FPGA 既包含 ASIC 中的高度可靠性、高集成度和大规模等优势，同时还包括 ASIC 设计中灵活性差、投资大、设计时间长等问题，除了上述优势外，FPGA 还包括下面几项优点，首先是 FPGA 能够反复进行擦除和编程。在外部电路保持不变的状态下，通过设计不同逻辑可以完成各种电路功能。其次是投资较小，同时设计比较灵活，在发现问题后可以对设计直接进行更改，从而降低了投片风险。

（二）FPGA 的图像处理系统算法的实现

图像处理系统中的存储模块能够将提前准备好的图像数据进行存储，而运算单元负责各项计算任务，促进实现各种图像处理算法，只需要将其中的数值进行更换即可。控制模块负责图像算法处理系统中的各种控制工作，辅助图像算法实施，并进行传输。

（1）存储模块。随着 FPGA 技术的不断发展，从前众多优秀设计人员留下了大量数字系统成果。为了让其中部分成果能够有效应用于 Altera 特定设备结构中，并进行有效应用，Altera 企业根据 Altera 设备中的结构特征在上述成果的基础上进行了有效的优化，从而形成一种 LPM 函数和可参数化模块，为此设计人员需要参考相应的设计要求，通过硬件或是图形将语言模块中功能板块恰当地表述出来，并设置好一定的参数，尽量贴近系统要求。在这种设计模式下，能够提升设计效率和可靠性。

（2）运算单元。运算单元的工作其实就是输出数据信息、落实数字图像算法和读取 ROM 数字图像中的灰度信息。当一个是 3×3 中值邻域滤波器模板对目标图像进行作用时，首先应该了解这一滤波器中的九个数据信息，随后才能更好地使用中值滤波算法，而 ROM 中所储存的灰度数据主要可以在 Verilog HDL 的编程下，将其中的具体数值解读出来，同时 FPGA 技术下的编程工作中是不存在二维数组理念的，为此本节主要是通过移位寄存器 RAM 来储存 IP 核的，并落实邻域图像处理操作，实现各种数字图像处理算法。

在一个全面的系统设计当中，例如设计 DSP 应用系统，需要通过数据缓冲移位寄存器，以移位寄存器 RAM 为基础的 IP 核就是一种高效的处理措施。以移位寄存器 RAM 为基础的 IP 核属于一种参数化的移位寄存器，同时 TAPS 值在一定程度上也影响了系统中移位寄存器在某一时间点中的输出数据总路数，这种 IP 核十分适用于有限冲击响应滤波器和线性反馈寄存器。对于以移位寄存器 RAM 为基础的 IP 核想要发挥出应有的作用，就应该先为 IP 核进行适当的参数设置，主要包括所有 TAP 的对应数据深度、TAP 输出路数、shiftout 端口宽度、shiftin 数据宽度、RAM 模块类型等。

本节主要是以移位寄存器 RAM 为基础的 IP 核促进数据缓冲模块的落实，而 IP 核内部包括 FIFO 共同形成的 Buffer 和数个寄存器，这也是图像处理过程中产生滤波器模板的基础，为了能够将其形成原理解释清楚，以移位寄存器 RAM 为基础的 IP 核可以参考下面内容进行参数设置，将 shiftout 端口宽度、shiftin 数据宽度分别设置成八位的二进制，从而 taps 输出路数就是三路，不同 taps 对应的不同数据深度是 3。由于所举例中的数字图像处理是一种邻域操作，滤波器模块是 3×3 的型号，行缓存末端三种也是彼此相连接的三种，如此就能够在每个周期中获得三个相邻数据，符合 3×3 滤波模块使用要求。

（3）控制模块。控制模块在整个系统中是一种核心部件，可以辅助系统的运行，同时融入整个系统内部。主要负责工作包括辅助运算单元在 ROM 中准确读取数据信息、操作运算单元落实图像处理算法、帮助运算单元和数据传输子系统进行信息流通等。

（4）数据传输模块。数据传输模块其中包含两部分内容，分别是串口通信模块和 FIFO 传输模块。将图像处理子系统中的时钟设置成 50 MHz，将串口通信模块设置成 960 Hz/b。为此可以通过异步 FIFO 促进图像通信模块和子系统串口之间的跨时钟数据传播、联系。为了让图像算法子系统和上位机 PC 之间的通信过程更加便捷，通常都是通过通信串口进行数据信息交流。

综上所述，通过 FPGA 技术进行图像处理，能够拥有更多的使用优势，比如成本较低、方便落实以及适用范围较广等特点；同时还拥有实时性、集成化、小型化等特点。随着微电子技术的发展，图像处理逐渐应用于图像通信以及多媒体等各个领域，而 FPGA 技术可以有效促进硬件对实时图像的有效处理，以 FPGA 技术为基础的图像处理研究也将成为未来信息领域发展的热点。

二、基于图像处理的齿轮缺陷检测

数字图像处理技术的运用能够保证齿轮在线测量的快速性和准确性，运用了一些图像处理技术比如进行图像的预处理、提取其几何特征等方式，保证齿轮图像采集系统中齿轮表面缺陷的具有几何特征的参数可以进行准确的测量。与此同时，对于齿轮表面缺陷中的几何参数进行检测软件的开发，在图像处理技术的基础上进行快速的齿轮在线检测，并为其提供技术运用的新的基础。

近年来，数字图像的处理技术开始得到越来越快的发展，而在机械零件表面的质量中进行图像处理、光学等技术信息的检测也受到了人们的欢迎和重视，并大幅度地提高了齿轮缺陷检测的效率，加大了其动态检测的范围，降低了检测成本低，实现了检测的非接触测量，为其运用在实时在线机械零件的检测提供了广阔的运用空间。在对齿轮质量进行检测的相关领域中，国内相关专家把标准齿轮机器和视觉检测生产制造的齿轮进行对比分析，对进行了检测生产的齿轮的合格进行探讨，还有的专家将齿形缺陷和运用计算机视觉来检测塑料齿轮中心孔的圆心。

（一）基于图像处理的齿轮检测系统

基于图像处理的齿轮检测系统组成部分很多，主要有计算机、图像采集卡、CCD 摄像机、光学镜头和照明系统等部分。这一系统进行工作运作时，尽可能保证检测时背景光照的均匀性，被检测的齿轮齿面置在底下，调整光学镜头，并对 CCD 摄像机的分辨率和曝光时间进行设置，通过 CCD 摄像机的运用进行图片的采集，经由采集卡将图片保存在计算机的内存中，随后接着再分析检测齿轮齿面，这时一般都要运用专门的软件进行，最终输出齿轮的检测结果。在进行图像的采集过程中，基于采集中会出现光线不均匀、成像条件差、光电转换过程中有噪声、A/D 转换存在误差等因素，就会产生一定的噪声，影响图像清晰度，难以准确地把握图像的轮廓特征和边缘。所以在进行图像采集的实际过程中，都会进行平滑处理来减轻噪声带来的影响。而进行图像的平滑处理有多种方式，如果检测时更关注齿轮的轮廓和边缘，就可以运用边缘保持过滤器，在减少噪声污染的同时可以保持检测的细节。

运用图像进行采集处理，对其边缘进行检测是一个重要内容。拉普拉斯高斯算子法就是对其进行检测的一种二阶边缘方法，它的运行原理是零点的运用，通过运用微分算子对其经由灰度和缓度变化的边缘进行计算就可以得出一个单峰函数，其峰值的位置是边缘点位置的不同对应。微分这一函数，其峰值处的微分点就变为 0，但两边的符号则刚好相反，通过对应在二阶微分中过零点的原有极值来检测过零点，提取图像的边缘。

运用 CCD 摄像机进行的齿面图像的采集都会受到外界噪声的影响，此时采集到的图像就比较模糊，甚至不能辨清其图像轮廓，严重影响齿面的分析，因此在提取图像的特征前，必须要进行齿面图像的噪声过滤，对其图像的质量进行完善，并突出其目标对象。而为了保证齿面缺陷几何特征的提取更加方便，在进行齿面图像的分析前，要进行齿面图像的二值化处理，把它处理成一种黑白图像，所有的值都用 0 和 1 来表示。进行二值化图像的获取、存取及其处理，对于图像的轮廓信息进行准确的分析，更适合提取图像的几何特征。在检测齿轮的表面缺陷时可以运用数字图像的技术处理，利用其齿面表面缺陷的明显的形状和特点，拍摄齿面的样本，并进行数字图像的处理，按比例缩小放大，结合图像的分析处理技术，对于齿面缺陷存在的几何特征的参数快速地进行计算和检测，最后得到缺陷的检测结果。

（二）提取齿轮缺陷的几何参数

齿轮的表面缺陷中形状和大小都存在差别，对其进行量化的描述和分析就需要运用一些几何的特征来表现，常用的参数一般是周长、面积、伸长度和矩形度这四个参数。几何图像的周长和面积是通过分析其二值化图像来进行计算的，其操作完成运用的是统计图像的像素点。但伸长度和矩形度与它们的使用方式不同，运用的是图像的平移和旋转缩放，具有不变性。对这四个几何特征的参数进行研究分析是进行齿轮表面缺陷诊断的重要步骤。

运用缺陷的面积来表述缺陷区域的轮廓大小，用"L"来表示齿轮图像中所有缺陷的像素点数，并用"A"来表示缺陷周长，对包含缺陷而不包含其边界长度进行表示，用"R"表示缺陷的伸长度，代表缺陷短轴和长轴间的比值，用"E"来表示其缺陷的矩形度，表示缺陷的轮廓面积、宽度与高度间的乘积比。运用这四个缺陷的特征参数来对齿轮表面的缺陷进行检测分类，通过实验就会发现在 L、A、R 和 E 之间存在一定关系和变化，对于齿轮的缺陷有一定的研究价值。

提取图像的轮廓特征时要用到数学形态学。这一方法有三种方式来进行图像轮廓的提取：标号法、链码法和轮廓跟踪法。常用的方法是轮廓跟踪法，它是根据点相关而进行图像分割的，一般是进行两个部分的计算（检测运算其图像后，再进行跟踪运算）。因此，对所有的点进行运算时，其过程不要求过于复杂，也不必都一样，对于特定的点进行简单的重复检测就可以了。运用轮廓跟踪方法时，需要对图像进行二道化，在其边缘进行任意点的选取，进行每一步时都以其步距作为一个像素。在步距从背景中走到对象内时，就要一直左转直至其走出对象区即可。而在对象区走向背景区时，就要一直右转，一直持续到对象区走完，要循环对象区一周，回到起始点，其对象的轮廓就是形成的轨迹，并运用模式的识别技术来判断缺陷。

三、基于 GPU 的图像处理计算方法分析

在许多行业和领域，都需要用到图像处理技术，针对各种图像信息进行转化和处理，提升图像的清晰度，以便于更好地分析图像的细节，从中提取出有用信息。在不断的发展过程中，人们对于图像处理的质量和效率

提出了更高的要求，也使得传统基于 CPU 的图像处理算法逐渐暴露出了一些不足和问题，无法切实满足图像处理的现实需求，基于这一现状，本节提出了一种基于 GPU（图形处理器）的图像处理并行算法，可以在一定程度上提升图像处理的效果。

在计算机硬件不断的发展过程中，依照摩尔定律，CPU 的速度不断提升，性能也在持续完善，不过在面对不断提高的图像质量要求和日趋发展的图像处理算法时，仍然暴露出许多的不足。基于此，可以在图像处理中引入 GPU，以提升图像处理算法的质量和效率。

（一）GPU 图像处理相关技术

GPU 是指图形处理器，是一种专门的图形处理设备。事实上，在计算机技术发展初期，由于图形的处理和运算相对简单，加上质量要求不高，因此单单运用 CPU 的运算能力，就能够满足图形树立的需要。不过，伴随着人们对于图形处理质量及运算速度要求的不断提升，CPU 在图像处理方面暴露出一些问题，也因此推动了 GPU 的出现。相比较而言，CPU 的功能更加全面，可以从容应对各种不同的处理和控制请求，而 GPU 则可以实现对于海量数据的集中运算，运算效率更高，在缓存和控制逻辑等方面也有着自身的优势。GPU 的初始设计目标，就是针对大量数据的处理，硬件结构的特点决定了其对于运算处理的高效性。

数字图像处理主要是利用计算机，在相应的存储介质上，针对存储的二级制数据图像进行相应的变形运算和处理，可以对图像的视觉效果进行改进，也可从中提取出有价值的信息。数字图像处理算法的关键步骤是信号转化，可以将图像信号转化为数字信号，方便利用计算机进行后续的处理操作。

（二）基于 GPU 的图像处理计算方法

（1）高斯模糊处理算法。在传统计算机的串行程序结构中，高斯模糊算法虽然可以运用，但是无法保证变换的效率，因此，为了对 GPU 多线程资源进行合理利用，需要依照计算统一设备架构（CUDA）的多线程加工处理思想，针对程序进行重新构造。

利用 GPU 的多线程并行处理特性，针对图像进行高斯模糊变化，一个非常重要的前提是水平与竖直方向上的一维高斯矩阵变换不相关，换言之，可以分别进行处理，同时，在某个方向的处理过程中，每一个像素的计算同样独立进行。基于此，可以利用 GPU 的多线程并行计算功能，将原本统一的像素计算任务进行分割，交由不同的线程块运行，基本流程为：读取待处理的原始图像，在水平和垂直方向上，对其像素进行分块，交由不同的线程块进行并行运算，处理完成后，将所有的结果合并在一起，就可以得到原始图像的高斯模糊处理效果。在这个过程中，CUDA 架构提供的 API 函数为分块操作提供了便利，对像素区块的划分同样是由 CUDA 实现的。

（2）透明合并处理算法。为了可以在 CUDA 架构下，发挥 GPU 多线程处理的优势，针对两幅需要进行透明合并处理的图像进行有效处理，首先需要对图像的相对位置进行明确。考虑到图像尺寸的差异性，在处理前，需要对合并处理的区域和范围进行明确，然后将其划分为若干较小的处理单元，通过计算机 CPU，将这些处理单元合理分配到 GPU 的多线程处理器中，完成图像的处理和计算。之所以可以实现上述处理，主要是透明合并处理并不存在复杂的逻辑控制，与一般的图像处理流程基本相同，处理对象之间也不存在相互联系。

（3）彩色负片处理算法。彩色负片处理要求对图像中的每一个像素点进行全面处理，因此需要耗费大量的时间。而从数字计算的角度分析，彩色负片处理算法本身的处理其实比较简单，通常是读取需要处理的图像，将其传输到内存中，然后针对所有像素点的 R、G、B 值进行提取，以 255 减去相应数值，最后利用得到的值，生成全新的负片图像。结合上述流程可以看出，在这种算法中，每一个像素的处理都是独立进行的，这种特点恰恰与 GPU 多线程并行处理的优势相适宜，通过将一幅较大的图像分割成若干小图像的方式，减少了图像处理过程中的数据量，充分发挥了 GPU 的优势，在对小图像进行分别处理后，可以将处理结果合并起来，得到一幅完整的图像，保证了处理的效果。需要注意的是，基于 GPU 的彩色负片处理算法有一个非常重要的前提，即像素运算的完全独立性，如果其存在相关性，则需要编写相应的控制代码，不仅更加烦琐，而且这样的程序结构并不能发挥 GPU 的优势，最终会影响图像处理的质量和效率。

伴随着计算机技术的飞速发展，图像处理技术也呈现出了日新月异的趋势，与传统的 CPU 图像处理相比，基于 GPU 的图像处理算法有着更加显著的优势，通过多线程并行处理的方式，提高了图像处理的速度和质量，能够满足人们对于图像处理的客观需求。

四、双目视觉图像处理算法的优化

视觉模型及算法的基础是利用两张存在视差的二维图形，构造一个具有更深度信息的立体图形。双目视觉系统则是利用两个摄像机来模拟人的双眼，对场景进行识别和测量，然后通过一定的计算方法将场景结果（图像）进一步处理，就可以获得一个三维的图像。因此双目视觉系统在各行各业都得到了广泛的应用，例如医学检查、制造业和军工制造等领域，也成为目前研究的热点。

（一）双目视觉系统图像处理原理与现状

1. 图像处理原理与流程介绍

双目视觉具有使用成本低、利用方便、效率较高的优点，因此被广泛应用于诸多领域。计算机视觉系统主要由图像获取、图像处理和分析、输出和显示 3 个步骤组成，细化之后，可以将之分为以下几个步骤。

双目摄像机标定是根据有效的摄像机成像模型，通过实验和计算来确定摄像机的内外参数，进而能够正确建立物体表面点的集合位置，以及对应投影点坐标之间的关系。这是计算机双目视觉系统不可缺少的关键步骤。

图像获取是双目视觉系统的信息来源，摄像机在拍摄到场景后，转化为数字信号然后生成二维图形，进而在此基础上形成三维图形。但是光线条件、摄像机的性能等对所获取图像的品质影响较大。

图像处理技术将输入的图像经过处理算法，对原始数据进行预处理操作，降低无用信息和其他信息的干扰，从而达到提高图像质量，使图像能够进行进一步的分析。

图像匹配的目的在于寻找同一场景在左右像平面上的投影点，获取位置关系并得到视差，这是双目视觉系统中最为重要的一步。

获取深度信息是在图像匹配并得到视差后，可以根据三角测量方法计算目标物体的深度信息，从而获得物体表面点的三维坐标。

在整个流程中，图像的匹配工作是双目视觉领域最为基础的问题，也是为后续的图像分析和理解奠定基础的工作。但是由于双目摄像机在不同的场景、不同的角度和位置拍摄，以及受到光线条件的影响，每一幅图像存在较大的差异，例如灰度水平、场景位置、分辨率等。而图像匹配就是寻找这些因素具有不变性的特征，进而根据这些特征来对两幅图像进行匹配。

2. 影响图像匹配的因素分析

在双目摄像机在获取图像时，由于摄像器材、光线充足、拍摄角度的不同，都会让图像产生一定的畸变，这些畸变导致的误差会在进行图像匹配时被放大，进而导致匹配结果错误的发生。第一是平移、旋转等几何变化时，会导致两幅图像的所有像素都产生位移，对图像的匹配产生较大的影响。而旋转则是由于摄像设备的视角差异，两幅图的相对关系发生旋转。第二是光线条件，在对同一场景进行拍摄时，由于光线条件的差异也会导致图像存在差异。例如在光线较强时，图像的平均灰度高，会产生阴影。而在光线不足的情况下，所获取的图片分辨率就会降低，带来部分遮挡现象，这些差异给图像匹配带来很大的难度。第三是传感器的噪声产生的影响。传感器是将获取的信息转换成电信号，因此在获取图像时、电磁辐射、传感器件、开关器件等都会产生一定的成像噪声。系统就会对信号进行离散化并编码，以便进行计算机处理，但是在这个过程中就会出现量化误差，给图像匹配造成影响。

3. 图像匹配算法的研究现状

在国内外专家学者的研究中，是以不同的应用目的为出发点，提出了许多具有针对性的匹配算法，具体来说可以分为基于图像灰度和基于图像特征两个类别。两种算法对比来看，基于灰度的匹配算法，是对图像的平均灰度水平、灰度直方图、平均绝对值，以及平方差、协方差等进行统计，根据这些特点进行匹配具有精度高的优势。但是也存在计算量大、时间效率不高的问题，因此并不能满足现实生活的需求。而基于特征的图像匹配方法，是针对图像中包含各种特征的信息进行提取，数据量相对较小，因此匹配效率更高，能够满足时时图像处理的需要。具体来说，基于灰度的图像匹配算法，是通过对图像的灰度信息进行分析，计算图像之间的相似度，进而寻找图像的最佳匹配。也就是说该方法所选取的特征即是图像的灰度。可见该方法思路十分简单，有利于在双目视觉中实现。但由于计算量较大，因此许多研究者提出了快速算法，例如 FFT、SSDA 等计算方法。而基于特征的图像匹配算法，则是通过对两幅图像的特征和内容进行对比，对特征进行参数描述，然后根据计算得出的相似度进行匹配，完成图像匹配。优势在于该方法的计算过程不会因为几何位置、光线强度等因素的差异而影响匹配结果，数据量较小，极大地提高了计算效率。

（二）双目视觉图像处理算法的优化

图像的特征主要包括轮廓特征和区域特征，轮廓特征是指场景或物体的外部边界，而区域特征则是图像某一区域中所独有的属性。从内容上看，图像的特征包括形状、空间、颜色和纹理等；从结构上看，图像特征又可以分为点、线、面。因此优化特征图像匹配算法，就要从以下几个方面衡量，一是图像特点的检测和提取是否快捷；二是图像特征描述向量维树是否适合；三是特征点数是否适合。

在本节的研究中，主要采用了 SURF 特征图像匹配算法。提取图像特征的具体步骤如下。

第一步是特征点检验。利用 Hessian 矩阵的行列式的值的正负来判断该点是否为极值点，此过程中采用方框滤波替代二阶高斯滤波来减少构建尺度空间的计算量，并引入积分图像来加速图像卷积的计算；

第二步是特征点的精确定位。根据检测所得到的极点值与周围的 26 个像素点进行比较，进而确定特征点，比周围 26 个像素的值都大或者都小的即是特征点。

第三步是生成特征描述向量，通过计算得出特征点处圆形领域内的 Haar 小波响应，然后画出扇形模板，并计算扇形范围的内的 Haar 小波响应，根据这些特征点来构建特征描述向量。

最后一步是采用 SURF 特征算法提取。

在本节的研究中，对图像匹配算法的两类常用方法进行了分析，可见目前特征点提取算法更加适合现代社会的需要，计算量小而且效率高。同时在图像进行平移、选择等因素的影响后，具有不变性的特点，这也提高了图像匹配的鲁棒性。在基于 SURF 特征算法下，提高了图像计算和匹配效率，更加适合双目视觉系统的需要。

第七章　人工智能与图像处理

第一节　人工智能与图像处理概述

一、人工智能的图像识别技术

在人工智能领域之中，众多技术被研发和应用，其中图像识别技术是基于人工智能的代表技术之一。现今我国的信息技术、电子信息技术都在不断发展，人工智能中的图像识别技术也在不断更新，越来越多的领域关注并应用该技术，包括医疗诊断、信息识别、卫星云图识别等，基于人工智能的图像识别技术能够为各个领域的发展提供便利。本节对此展开探讨。

（一）人工智能的应用

自从在 AlphaGo 与李世石的围棋大战后，人工智能就引起了人类很大的注意。因为这个事件很可能会成为一个标志性的事件被记录在历史当中，你可能会在几十年内看到大量的机器人开始大规模代替人们现在的工作。在当今社会，人工智能已经在很多领域中发挥了重要作用，比如商场中随处可见的扫地机器人等，大部分劳动力从事的工作任务都逐渐将被机器人所取代。

目前在国内外很多大的新闻网站都开始使用人工智能。对新闻渠道进行搜集数据，然后进行分析，梳理出最重要、最有趣、最有吸引力的新闻推送给读者，有大量的新闻都是由程序自动生成的，几乎不需要人力的干预。

在很多综艺节目中出现的大量机器人，如微软小冰、搜狗机器人、百度机器人等，它们的参与程度也很高，例如可以与真人 pk，进行一些智力或是脑力的比拼，还可以与现场主持人、嘉宾进行及时的现场互动。

在分秒必争的金融市场，有近 2/3 的股市交易都是由机器自动交易结算的，有很多华尔街的公司在距交易所很近的地方建起了庞大的计算中心，就是为了在分秒之间获得交易的优势。

目前 Google 和微软等公司的在线翻译功能已经支持了几十种语言的互译，可以通过搜索引擎找到大量满足其算法的数据，建立语言模型。虽然现在还无法完全与熟练的翻译人员竞争，但可以使用户得到几乎任何语言任何文件的简单翻译，在旅游时直接使用 App 就可以了解大概的意思，也是便利了人们的生活。

已经有很多的复杂程序可以进行自动作曲、作诗。比如最近很火的微软机器人小冰，只需要传入一张图片，就可以在几秒钟内迅速做出一首诗，而且朗朗上口。这也标志着人工智能也在丰富人们的娱乐生活。

在网上看到过这样一则新闻，在日本有一个男性得了一种怪病，跑遍了日本的大小医院，医生都不能给出正确的诊断，后来求助于 Watson，一个很强大的机器人系统，类似于人类的百科全书，在 20 多秒的时间后，它在某本医书找到了相关的记载并帮助了这位患者成功得到救治。一个人恐怕在有生之年也无法翻阅所有的医书，但机器人在短短几十秒之内就可以。在未来的医学领域，诊断可以由机器代替一部分。

（二）常见的图像识别技术形式

（1）模式识别。模式识别（pattern recognition）是图像识别技术中的一种有效模型，该模式从大量信息和数据出发进行图像识别。该识别模型是图像识别技术专家在多年经验的积累基础上和已有对图像识别的认知基础上，通过计算机进行计算，并且以数学原理进行推理，在图像的形状、模式、曲线、数字、字符格式等各个特征方面自动完成识别，并且在识别的过程中对这些特征进行评价。

模式识别分为两个阶段，即学习阶段和实现阶段。学习阶段可以理解为一个存储的过程，也就是对图像的特殊信息、特征、样本提前采集和存储，通过计算机的存储记忆能力将这些熟悉聚合信息按照一定的识别规律进行分类和识别，并且形成相应图像的识别程序。后一个阶段则是实现阶段，实现阶段强调图像必须与脑中的模板完全符合，如此才能完成识别程序，从现实角度来说，计算机的识别与人脑的识别还是有较大差异的，但在计算机的识别过程中，能够将之前记忆阶段的特征、数据以及信息与最新捕捉的图像信息进行匹配，若按照既定的规律能够匹配完成，这说明这个图像已经被识别。但这种识别是有限的，对于某一类特别相似的特征，可能会出现识别错误的现象。

（2）神经网络形式。神经网络形式的图像识别技术是当前应用较多且全面更新的一种技术，该技术基于传统的图像识别方式，与现代神经网络算法完美融合，从而形成了这种全新的识别形式。因为图像识别是人工智能领域的技术，因此，这里的神经网络是指人工神经网络，也就是说这种技术模拟了人类及动物的神经网络分布特征，相较于传统的图像识别技术，融入神经网络算法的图像识别程序更为复杂，成本更高，但发挥的效果也是显而易见的。

被提取和捕捉的图像特征能够在神经网络程序中加以映射，更为精确、全面地完成图像识别，并且对其进行分类处理。在交通管理系统中，智能汽车监控拍摄识别，就是应用这一技术进行的，能够在拍摄的瞬间迅速识别和分辨车牌信息，从而协助交通管理。

（3）非线性降维形式。非线性识别技术是一种高维形式的识别技术，该技术的优势在于对于分辨率较低的图形也可进行有效的识别，因为这种技术产生的数据具有多维性特征，且经过了非线性处理。这种技术在最初构想时就遇到了诸多的困难，非线性降维的图像识别需要计算机在短时间内进行大量的计算。最初将降维划分成非线性降维与线性降维两类，但非线性降维更为简单，其效果也较为突出。

例如人脸识别就可利用非线性降维实现，因为高维度空间内的人脸图像分布不均，突出的特征信息也无法有效提取，而非线性降维方式则有效提升了人脸的辨识度。

（三）图像识别技术的应用及前景

随着智能网络中的图像识别技术不断发展，在公共安全、生物、工业、农业、交通、医疗等多个领域都有应用，而这一应用对于民众生活将带来一系列较为积极的影响。例如在公共安全领域中，人脸识别系统的应用就能够较好地提高社会的安全性与便利性；而在医学领域中，心电图与 B 超的识别将大大促进医疗事业的发展；而在农业领域中，种子识别技术与食品品质检测技术的应用将大大提高农产品的生产质量，民众将直接从中获益；而在民众生活中，图像识别技术在冰箱中的运用将大大提高我国民众生活的便利性，这一应用能够实现自动冰箱食品列表生成、食品保鲜状态的显示、食物最佳储存温度的判断等功能，这些将大大提高民众的生活品质。在未来科学技术的不断发展中，人工智能的图像识别技术还将实现更为长足的发展，而这一发展也将使得民众能够更好地接受图像识别技术所带来的服务，最终大大提高自身的生活质量。

综上所述，图像识别技术是现今科技发展中的新兴技术种类，已经被越来越多的人关注，并且广泛应用于各个领域。在未来的发展中，图像识别技术将被进一步普及，而随着用户的增加技术会进一步更新，以满足人们生产生活的需求。图像识别技术目前已经成为能够服务社会、促进经济发展、保障财产安全的重要技术，在未来会有更为广阔的发展空间，被人们愈发深刻的认识与掌握。

二、物联网的人工智能图像检测系统设计

在网络环境下的人工智能的迅速发展，物联网网络的建立可以促进人

工智能领域取得很大的进步。基于小波能量算法和边缘噪声背景划分的传统的图像检测方法，具有低分辨率和低精度图像检测，检测速度慢，缺乏深度图像分析和一系列问题。针对传统方法的不足，提出了基于物联网的智能图像检测系统的设计，人工智能像素的特征点的采集技术、图像特征提取、网络资源和丰富的收集反馈的图像像素特征分析的数据处理能力的使用，反馈信号的人工智能图像信号合成模块（危机），图像转换处理和输出信号的图像检测结果，完成人工智能图像检测系统的设计。仿真结果表明，图像具有检测率高、识别精度高、运行稳定、基于物联网的智能图像检测系统高效的设计等特点，为图像检测系统的研发与设计提供了新思路，具有很好的应用价值。

针对传统图像检测系统存在的问题，基于物联网和人工智能技术，设计了基于人工智能的图像检测系统。人工智能的特征点的采集技术，对源图像提取特征点的像素，转换成使用互联网上传云端数字信号和计算能力，丰富的数据资源，进行数字信号采集的图像像素信息数据反馈的特征分析，反馈信号由人工智能信号图像合成模块（危机），反馈信号处理和图像转换图像检测输出分析。仿真实验证明，基于物联网的人工智能检测系统的设计具有多分辨率支持、检测率高、识别率高、精度高、使用方便等优点，满足了图像检测的要求。

（一）云端图像处理与分析模块

基于物联网的人工智能图像检测系统的设计，需要依托互联网空间中丰富的数据资源和交互资源。同时，利用物联网强大的信息处理能力，对图像信息进行分析处理。因此，在设计云图像中首先需要建立物联网和终端的数据传输站处理模块。云图像处理模块有以下两个功能。

（1）信息传递函数。云的主要功能是保证设计终端采集的图像特征信息可用，可以随时与物联网中的信息资源进行比较。

（2）物联网的资源传递功能。作为连接物联网空间的桥梁和媒介，云本身具有调整网络内部所需的信息资源和数据资源的特点。将数据与上传图像的特征数据进行比较。为了满足以上两个重要特征，云的架设就意味着成功。在设计中，通过智能数据结构建立云布局。智能数据结构具有数据动态处理能力强、与物联网信息资源高度集成、数据交互快速等优点。智能数据结构中使用的算法是动态的云体系结构算法是通过修改语法编写的。该语法具有结构稳定、语言简洁、维护成本高等特点。云空间的构建用代码创建代码执行数据交换通道，云将建立自己的终端和网络空间数据交换通道，完成网络图像特征数据的资源检索比较，并比较上传图像数据的采集。

（二）图像特征获取模块的创建

在基于物联网的人工智能图像检测系统的设计中，最终搭建了云平台图像处理模块，为系统中的图像特征采集模块服务。图像特征的采集模块和传统的图像检测系统的图像信息采集模块之间的区别是，图像采集模块采用人工智能像素特征采集技术。根据区域图像特征的特点，重点分析了图像采集的源特征数据。图像特征提取的数据结构优化，解决了传统图像上传信息所带来的数据源长利用率低和源图像分辨率数据错误、无效等问题。图像信息是由多个数据点组成的，每个点因不同的数据信息而不同。像素按照一定的顺序排列，像素是多个数据信息的图像集，将由图像集中的数据特征信息组成图像点（像素）。由于像素的排列效果不同，图像的视觉特征突出，如建筑物的图像轮廓、高山河流、河流等，其视觉效果如色差和对比度都是基于特征数据的排列结果。人工智能像素点特征采集是用来捕获的图像特征数据采用特征采集算法。该算法具有对深度图像像素的精确分析，显示了人工智能的特点。图像特征采集模块的代码是为编写程序的核心程序文件而设计的，它便于程序的前端。将智能人工学习代码加入编码中，使特征提取模块具有特征积累和分析能力，提高了图像特征数据采集的准确性。同时，采集模块和云图像处理分析模块有底层数据交互协议、实时上传图像特征采集数据、交互式数据资源等。此时，图像特征获取模块的设计完成了。

（三）人工智能信号图像合成模块

人工智能信号图像合成模块（危机）是一个基于人工智能图像检测系统的物联网数据输出模块。人工智能信号与图像合成模块将事物分析和反馈结果的互联网的图像处理，是由云架构平台处理的，将原始图像的原始图像，并对图像进行数据信息，从而达到检测的目的。人工智能信号图像合成模块的设计分为两个通道：数字信号输入通道和图像转换通道。两个通道之间的数据交互是通过人工智能转换来实现的。信道中的数据是单向的数据交换信道，是数字信号到图像信号的单向转换。

数字信号中图像特征信息的阈值（W）为 7，可以通过特定的条件来验证信号转换的准确性。即，如果 W 大于抽头系数，对数字信号的名义在稳定的取向和图像编码转换精度的特征数据是高的；如果 W 值小于或等于阈值，表示数字信号的轴承装置的特性数据是不稳定的，图像处理算法的动态检索云网络数据资源的人工智能技术，发挥优势，调整转换参数。负载数据的稳定性被转换成图像编码数据。人工智能信号与图像合成模块（危机）代码和前端窗口代码绑定和写作，具有灵活性的特征代码和算法的执行速度。

针对传统图像检测系统存在的问题，基于网络和人工智能技术，基于物联网的智能图像检测系统的设计，云图像特征模块，使用采集模块、人工智能、图像信号合成模块（危机）的架构设计，充分利用互联网资源与人工智能技术。仿真实验表明，基于物联网的人工智能检测系统的设计具有良好的性能指标，满足了图像检测的要求。基于物联网的人工智能图像检测系统的设计，为图像检测系统的研究和开发提供了一种新的设计思路。

三、基于数字图像处理的智能监控系统

在目前这个信息迅速发展的时代，数字图像处理技术已经全面运用在各个智能监控系统中，在此它发挥了非常重要的作用。一般情况下，数字图像处理技术在遇到紧急危险的状况时可以自动报警，进而实现远程控制的功能，它在很大程度上对数据的精准度做出一些分析判断。传统的工作只靠人工记录和分析，工作量是非常庞大的，而且准确率也不能保证，基于这种情况，数字图像处理技术的智能监控系统就发挥了很大的作用。

在我们的日常生活中会遇到各种各样不确定的因素，这会为我们的生命财产安全增大一定的隐患，因此，在这种复杂的大背景下，我们一定要加强对自我安全的防范。要想提高企业乃至社会整体的运转状况，保证其安全性，就离不开智能监控系统的密切配合，目前这种智能监控系统的应用已经十分广泛了，它与传统人工监控不同的一点就是，工作人员在日常疲劳的时候，有可能会对工作产生放松懈怠，这样会导致监控出现遗漏，而智能监控就永远不会出现这种问题，相对来说进一步保证了其安全性。

（一）数字图像处理识别的特点分析

我们采用高效率的智能监控系统来随时调取监控信息，进一步保证人们日常工作和生活的安全环境，而智能系统也可以对目标进行锁定跟踪，这在很大程度上能够提高监控的质量。

（1）能降噪图像。数字图像也就是我们常说的波形图，它会受到各种各样外界因素的干扰，一些边缘的领域大小和形状，很可能对其产生一定的影响，导致有些图像边缘产生极大的破碎，这会使得专业人员分析的时候无法找出中间值，那么就需要利用一些科学合理的人工方式来进行确定，但是中值一般来说是代替一个图像的关键点，如果它的数字不够精准的话，在很大程度上会影响图像的准确性，而且传统方法操作起来非常的麻烦、不够灵活，因此，数字图像处理技术能在传统方法的基础上对其进一步改进，

大大提高了监控的效率和准确性。

（2）采集图像选用方法分析。无论是企业工作还是日常生活的监控，都需要将这种智能监控的系统作为整体监控体系的依托，这样才能更大程度地对图像信息进行准确性的提取，一般情况下我们采用 FPGA 和 ARM 对图像进行特殊识别，但是在这个过程当中，它会对图像的识别速度进行一些方式处理化的改变，但是它的运作会进一步增大这种投资成本，因为它在速度上可以达到一般的传统监控系统达不到的速度。而且，它可以强有力自主对图像进行间接式的处理，因为一般来讲它相比于传统的监控项目都比较接近零，那么要对这种监控出来的图像呈现一比一的状态，在这个过程当中需要进行复杂的传感器运行方式，因此增加一定的成本，能够达到这样的缩放效非常值得投资的。

（二）智能监控技术要素

在这种智能监控系统的过程当中，一定要把握住坚持系统原则和一些技术型的检测方法，一般在这个过程中最主要的就是监控追踪，追踪技术可以进行特殊的定位，从而进行专一的监控，这种方法一般都使用于具体的安检部门通过长时间的运行，能够达到它特有的作用地位。

（1）视频检索技术要素和行为模式技术要素。视频检索技术能够准确地分辨所追踪对象的颜色、形状，以及具体图像的空间关系等，它具有一定的三维能力，但是这种技术是需要在视频片段中进行特殊处理的，这已成为这种技术的关键所在，进行边缘处理技术来塑造出这种独特的分析和查询能力，这进一步提高了监控质量行为模式。这种技术大都用于视频教程当中，这对于未接触到这方面的人员来说，具有很强大的价值信息，如果能将这种技术综合性利用，将进一步保证监控的效率，而且它在出现异常的时候能够进行自主的处理。

（2）目标跟踪技术要素和智能控制技术要素。跟踪技术是组成监控系统的一个非常重要的部分，它具有非常敏感的特性，而且它有很多的追踪方法，这种追踪方法能够及时有效地查看目标的具体动向，进一步对结果进行传播，它能够有效地发送异常状况，对于一些需要进行浇注处理的图像也能够做出准确的判断，这在很大程度上能够有效地减少相应交叉的图像区域。

综上所述，对这种数字图像处理技术的综合应用，能够进一步提高监控系统智能化，从而将其运用到社会的各行各业，保证了我国国民的安全生活环境，它在使用的过程当中也显示出它各种各样的优点，为我国的监控系统做出了很重要的贡献。

四、人工智能方法与医学图像处理

随着医学影像智能化诊断的快速发展，为了满足愈加复杂的医学图像分析和处理要求，人工智能方法成为近年来医学图像处理技术发展的一个研究热点。本节对近年来人工智能方法在医学图像处理领域应用的新进展进行综述。对应用在医学图像处理领域主要的几种人工智能方法进行了分类总结，讨论了这些方法在医学图像处理各分支领域的应用，分析比较了不同方法间的优缺点。

随着医院管理信息化和智能化水平的不断提高，医院信息系统（HIS）的功能也不断的丰富和加强。作为医院信息系统的重要组成部分，放射科信息系统（RIS）和医学图像存档和传输系统（PACS）在海量医学图像的管理、分析和辅助医生诊断中发挥着不可替代的作用。近年来，随着人工智能技术的发展，该技术在医院信息系统领域得到了广泛的应用，医学诊断趋于智能化。例如，通过数据挖掘、案例推理等人工智能技术开发的医学专家系统弥补了医生人工诊断的主观性和局限性，为临床诊疗提供了更加客观、全面的决策支持。同样，人工智能技术的发展也逐渐应用到 RIS 和 PACS 系统中，尤其是医学图像处理领域。图像作为重要的医学信息和诊断依据，是 RIS 和 PACS 的核心内容。对医学图像的分析和处理，是直接影响影像诊断的结果。近年来，越来越多的人工智能方法发挥着其特有的优势，改进和结合了传统图像处理方法，应用到图像情况复杂的医学图像处理领域，取得了较好的发展前景。

人工智能方法在图像处理中的应用发展很快，在医学图像领域，虽然还没有完全应用成熟，但近年来，多种类智能优化方法的改进与结合已逐步应用于医学图像处理各领域，不断修改完善，目前主要涉及以下几方面。

（一）基于蚁群算法的应用

蚁群算法利用蚂蚁觅食行为进行模拟仿生，是一种在图中寻找优化路径概率型算法。主要通过信息素进行信息交流，根据信息素的多少完成选择和更新，最终通过数次迭代产生全局最优解。在基本的蚂蚁算法模型中，包括了位置信息和运动方向信息的蚂蚁状态描述了蚂蚁在图像的不同像素间的转移概率函数。当蚂蚁通过转移概率函数计算选择自己的移动方向后，会释放一定量的信息素在当前位置，该信息素释放量与窗口像素的灰度强度有关。通过不断的迭代，位置的转移和信息素的释放，分析信息素的分布情况，实现图像的边缘提取与分割。相比以往，蚁群算法的相关文献近年来呈逐步增多的趋势。

文献使用蚁群优化（ant colony optimization，ACO）算法迭代 20 次后与基于块的传统算法进行比较，前者对脑瘤的磁共振（MR）灰度图像边缘分割和特征提取结果更为准确。文献对使用蚁群优化算法对糖尿病患者视网膜中视神经盘的彩色解剖图像进行检测，有效克服了图像自身变化较多的因素对传统方法的干扰，试验结果显示对血管和斑点的检测同样具有理想效果。文献用一种具有自我繁殖性能转移规则的蚁群算法对低对比度的FMISO正电子发射断层扫描（PET）三维空间灰度图像进行肿瘤乏氧细胞的靶体积目标的轮廓确定，该转移规则的变化对分割结果影响很小。文献将蚁群算法应用于超声图像的运动估计中，提出一种将多种知识来源的运动向量约束集合到一个方案解决的蚁群优化算法中。文献提出一种将蚁群优化算法与支持向量机（SVM）模型结合的方法，有效地评估了医学图像处理中点选择概率的问题。文献将蚁群优化算法与模糊计算结合，提出了基于蚁群优化的可能性 C 均值算法（ACOPCM），解决了使用预分类像素信息带来的聚类一致性问题，提供了聚类数量和中心点接近最优的初始值，实验结果表明应用于含噪声医学图像分割的新方法的精度优于常规的可能性 C 均值算法和混合模糊聚类方法。文献采用并行蚁群优化算法（PACO），利用并行化方法中可实现的灰度强度相似度测量技术，对脑瘤 MRI 图像进行了有效分割。

（二）基于模糊集合的应用

受影像设备条件限制、环境影响和病人自身情况等诸多因素影响，医学图像尤其具有模糊和不均匀的特点，图像中的区域并非总能明晰准确地划分。因此，用一般集合描述这些模糊对象是不合适的，Zadeh 提出的模糊（Fuzzy）集合概念为描述模糊对象提供了可能。基于模糊集理论的图像分割方法包括模糊阈值分割法、模糊聚类分割法、模糊连接度分割法等。其中，近年来以模糊聚类分割法应用居多。

文献针对模糊 C 均值（fuzzy c-means，FCM）算法进行了改进，提出了一种基于多判据优化的空间模糊聚类方法。将图像的空间信息和强度信息设为多判据优化的两个标准，对含骨肉瘤的 MRI 图像进行了分割，获得了比传统 FCM 算法更理想的效果，下一步目标是加入更多的图像描述指标作为判据优化的标准。文献提出了一种基于生长型分级自组织映射的模糊 C 均值算法（HSOM-FCM），从加权向量、执行时间和脑瘤像素等指标衡量，用于逐层分割脑 MR 图像中的白质、灰质、脑脊髓液和脑瘤等图像信息。这种神经模糊的多层分割结果显示，在脑瘤图像分割中比其他模糊聚类算法有更高的精度。文献提出了一种改进的模糊 C 均值算法用于 MR 图像脑内四种主要物质的分割。在对脑瘤的分割中，一种基于灰度信息混合分布的目标函数保证了聚类的紧密度和稳定性，比传统 FCM 方法在运算效率和分割精度两个指标上均更有优势。文献在对 T1 加权序列脑 MR 图像的分割中，提出了一种结合传统 FCM 算法，具有更强的不可靠性控制力的高阶模糊集合的改进型 FCM 算法，并取得了比 Gustafson-Kessel（GK）模糊聚类算法和传统 FCM 算法等更优的性能结果。文献将一种基于输入向量空间距离维度减少的改进型 FCM 算法用于脑瘤的 MR 图像分割中，收敛时间和分割效率等指标均得到有效改善。在与自组织神经网络算法、线性向量量化（LVQ）网络算法、结合 LVQ 的遗传算法、K 均值算法、模拟退火算法和传统 FCM 的比较中，该改进型 FCM 算法的分割效率优势明显。

（三）基于人工神经网络的应用

人工神经网络（Artificial Neural Networks，ANN）技术是一种应用类似于大脑神经突触连接的结构进行信息处理的数学模型，具有自组织、自学习和自适应性和很强的非线性特性，适合解决背景知识不清楚、推理规则不明确和比较复杂的分类问题。其基本思想是用训练样本集对神经网络训练，确定节点间的连接和权值，再用训练好的神经网络分割新的图像数据。该类方法能有效解决图像中的噪声和不均匀问题，十多年来，在医学图像处理与分析各领域得到了广泛应用。

文献提出了一种基于小波域不同数量隐层神经元的人工神经网络体积数据分类方法，对非小细胞肺癌患者的 PET 图像进行了体积数据分割。隐层最优的神经元数量由依据 Levenberg-Marquardt 反向传播训练算法的实验结果决定，具有精度高，对大量体积数据信息破坏少，运算时间缩短等特点。与基于阈值和聚类的方法进行了比较，在定性分类和肿瘤定量诊断上均表现出更优异的性能。文献提出了一种基于改进的极限学习机（ELM）算法的紧凑单隐层反馈神经网络（C-SLFN），用六种仿射不变矩阵放至网络中评估分类的性能，对肺结核杆菌进行分类判断。实验结果表明，虽然改进的 C-SLFN 方法在精度上逊于基于标准 ELM 算法的人工神经网络，但算法结构更简单，需要的隐藏节点和调整的参数比标准算法少很多。相关文献分别提出了一种基于广义 Hebbian 学习规则训练的反馈神经网络（FFN）方法和三隐层反馈神经网络（FFN）法对膝盖骨 MR 灰度图像进行压缩。虽然压缩峰值信噪比（PSNR）、压缩速度和图像压缩质量略逊于常用的基于小波变换的压缩标准 JPEG2000，但相差无几，强大的并行计算和神经网络泛化能力让神经网络技术在图像压缩领域仍具有广阔的开发前景。文献针对脑出血 CT 图像采用了分水岭算法和人工神经网络相结合的方法，对目标部位进行了效果良好的特征提取和分类。

（四）基于粒子群算法的应用

粒子群优化算法（Particle Swarm optimization，PSO）是通过模拟鸟群觅食行为而发展起来的一种基于群体协作的随机搜索算法。优化问题的解对应于搜索空间中一只鸟的位置，称这些鸟为"粒子"。每个粒子都有自己的位置和速度（决定飞行的方向和距离），还有一个被目标函数决定的适应值。粒子们追随当前的最优粒子在解空间中搜索。在每一次迭代中，粒子通过跟踪两个"极值"来更新自己。第一个就是粒子本身所找到的最优解。另一个极值是整个种群目前找到的最优解。近年来，该方法主要应用于医学图像分割、配准和融合等领域。

文献利用人工蜂群算法、粒子群优化和人工蚁群优化算法在降低了时间、空间复杂度的基础上得到最优的混合平滑滤波序列，该混合滤波方法与粒子算法的结合实现图像边缘增强的效果。针对常规 PSO 在医学配准中收敛性不够成熟的问题，文献提出了一种改进的基于变邻域 VNP-PSO 的肾脏超声图像的配准方法，让被确定为局部最优的粒子，从局部极小值输出为全局最优值。通过四种基准函数对原有方法和改进方法做了测试，优化精度和效率表明该方法适合用于肾脏超声图像配准。文献在对肝脏 CT 图像的分割中，前期通过主成分分析法和小波包分解分别约束形状先验模型和纹理先验模型，以及 Fisher 线性判别方法等完成预分割，然后结合形状先验模型采用 PSO 算法对预分割结果进行修正，结果显示较精准地分割出目标区域。文献提出一种引入 PSO 算法的基于 Snake 主动轮廓模型方法，将两者优势结合发挥。在脑部实时 CT 和 MR 图像化控制边界凹陷和 Snake 初始化问题中，传统主动轮廓模型收敛速度缓慢，且由于性质复杂易趋于局部极小值。遗传算法、捕食模型和单一 PSO 算法虽克服了上述缺点，但把 Snake 模型等式作为最小化问题优化。在 PSO 与主动轮廓模型结合的算法中，每个粒子代表主动轮廓模型中的蛇点，PSO 算法中的规范化速度更新方程可以描述 Snake 模型运动状态。实验结果表明降噪效果理想，计算高阶欧拉方程的时间复杂度大幅降低，图像边界分割效果好。文献将一种改进的 Multi-Elitist PSO（MEPSO）算法与支持向量机（SVM）结合，对黑色素瘤图像进行了分割和特征提取，所得实验精度比传统的 SLP-ANN 单层神经网络方法高。

（五）其他人工智能方法的应用

除了上述方法外，遗传算法、进化算法、人工免疫算法、多 Agent 技术和粒计算等智能计算方法也出现在医学图像处理各应用领域。

文献涉及遗传算法在医学图像处理领域的应用。文献提出了一种形状、纹理先验模型与几何主动轮廓模型的融合方法。先验知识与利用了遗传算法的主动轮廓演化相融合，经比较该方法比传统水平集方法对具有低对比度、边缘微弱模糊特点的腹腔 CT 图像的分割更为有效。文献使用了一种新颖的遗传算法用于 PET 图像和 MR 图像的融合，该算法能使颜色列表获得理想的性质，如期望的排序原则、行列规则、可感知的一致性和最大对比度等。文献是进化计算相关方法的应用。文献采用进化计算范式解决经典配准方法缺陷周期性复发的特点，作为优化组件实现对 3D 医学模型的三维重建。文献采用进化算法进行 3D 图像配准，功能上的完善需要更新的案例学习和启发式方法支撑。文献采用了基于自适应分裂选择的进化算法对胸细胞进行了提取和分类。人工免疫算法也应用到了医学图像处理领域。文献使用人工免疫算法对脑 CT 图像进行了配准，文献采用人工免疫克隆选择理论对 MR 图像进行了分割，文献采用了人工免疫方法对医学红外图像进行了图像分割。文献将多 Agent 技术应用于伴随生物行为的社会蜘蛛方法中，对 MR 图像进行了有效分割。文献采用了基于粒计算的方法进行了医学图像分割，该方法更能充分有效地尽可能利用图像信息，而非图像某单一特征。

综上可知，近年来，人工智能方法在医学图像处理中的应用十分广泛，涉及医学图像分割、图像配准、图像融合、图像压缩、图像重建等多个领域。应用方法也呈现多样性和广泛性，包括蚁群算法、模糊集合、人工神经网络、粒子群算法、遗传算法、进化计算、人工免疫算法、粒计算和多 Agent 技术等。应用涉及的医学图像种类也非常丰富，包括 MR 图像、超声图像、PET 图像、CT 图像和医学红外图像等。涉及的病变和检测对象也遍布人体各部位，如脑部、胸腹部和下肢等。

由于医学影像图像对比度普遍较低，且组织特征具有可变性，不同组织或正常组织与病变组织间边界模糊、微细结构（血管、神经）分布复杂等，尚没有通用的方法对任意医学图像都能取得绝对理想的处理效果。从文献特点看，传统经典的图像处理方法在考虑医学图像实际特点的基础上，结合人工智能等不同领域的技术，多种类型的方法结合与改进使用，相互弥补算法功能的缺陷，将是医学图像处理技术一个重要的发展方向。

五、人工智能算法的图像识别与生成

我国人工智能算法的图像识别技术，已经进入了快速发展阶段。根据国内外的发展与研究现状分析，可以利用 PCA、神经网络（ANN）、SVN 等技术进行对图像识别与生成研究，特别是对人脸特征进行提取与预测、分类识别等技术的研究，例如支付宝的刷脸支付就是对此项技术的实际运用。对生成对抗网络（GAN）技术的分析与运用，主要体现在实现了对手写数字的生成与分析，同时，对 SVM 技术的推广与运用，进行了精确的预测，并对生成效果进行了全面精确的分析。本节主要研究通过相关数据对人脸数据库（ORL）进行了对比分析与运用，通过抽取 50 张人脸样本，制作 500 张人脸图像进行识别的分析与运用。

人工智能算法的图像识别与生成技术在不断地前进。随着新技术的不断融合方向的发展，对新产品的未来市场有了一个明确的发展方向。人工智能中的图像识别与生成技术的发展，主要以新技术的互相融合作为融合的发展目标。按照预期设定的方法与模式，在特定的一个环境里可以进行自主运行。人工智能算法对图像识别与生成的运用，主要采用的是无需人为的管理方式，这个可以让其技术在要求上达到工作中需要的目标。

目前，我国公共安全问题不断被强调，犯罪活动的技术越来越高，被要求加快开发以主动警告为主、基于生物学特征进行身份认证的视频监控系统。在新生物识别技术（Biometrics）中，生物的特征主要有两种：一种是生理特征（指纹、虹膜、面相、DNA 等），另一种是行为特征（步态、击键习惯等），就像人的脸、指纹、虹膜、手掌纹、行动、耳朵、静脉、嘴唇、脑波、DNA、体臭等行为的特征，或是笔迹、点击习惯、行动、声音等特征。基于对人工智能算法的图像识别与生成分析，我们对图像识别技术主要是运用到现代信息计算技术上，包括从信息中预期的处理与获取、抽取特征与选择、设计分类器与决策分类等内容。本节主要对人工智能算法的图像识别与生成的相关技术，和处理结果等内容进行全面的阐述与运用。

（一）PCA 降维技术运用与分析

PCA 降维技术的概况。PCA 降维技术（principal components analysis）主要体现在：对主要成分进行成分的对比分析与处理，也就是对主分量进行全面的分析与运用。一般情况下，该技术利用降维思想进行相关分析，进行多指标的相关转化，变成少数综合指标的运用。上述的运用技术，针对数据库的平均脸的识别图像进行对比、分析和处理，通过 PCA 技术来处理人脸识别图像的降维，经过对降低维度进行改变，同时，对降低维度后保留的数据进行分析并记录其产生的影响。

平均脸识别技术。对于人工智能算法的图像识别与生成技术中，处理平均脸识别技术，主要的在于：把数据库中的 500 张人脸图像按行存储到一个矩阵中，进行其行为的分析与对比，然后对人脸的参数特征进行计算。也就是对每个维度取平均，对得到的新的行向量，进行分析其人脸的平均脸的特点运用。其中，要用平均值对人脸的轮廓进行分析与识别运用，这种技术是没有办法对人脸的局部细节进行识别的。

降低至不同维度时还原脸的技术。基于对平均脸进行的技术分析，现在对不同维度的降低情况，再对还原脸技术进行分析。针对上述的数据与抽取的相关案例，对相关的图像进行综合分析，选择同一张脸降低至 10、30、50、100、200、250、300、350、500 的图像。从上述的案例中可以分析出：如果保留下来的维数越来越多，那么图像的清晰度也会越来越高，通过对照原图进行差异性技术分析，这个差距是越来越小的。

提取单一维度的特征做还原技术。为了还原人脸特征，需要对单一维度的相关特征进行分析与运用，主要体现在针对不同维度分析出不同的人脸特征的运用。该技术主要是利用 PCA 技术对每一个特征进行综合分析，同时，对每一个特征向量进行单独抽取，然后对相关的人脸进行还原与识别，最主要的是平均脸不参与还原的过程，并研究出直方图均衡化的相关问题。

针对 PCA 技术的相关结果与研究内容，进行分析与运用得出如下结论：对其特征进行累积处理，在生成的图表中，用保留的图像特征值除以所有的特征值，得到的比例形成了纵坐标。例如，保留了 k 维信息，用这 k 个特征值的和除以 500 个特征值的和，计算出来的结果就形成了纵坐标的值。

提取单一维度的特征做还原技术与运用分析，得出如下结论：如果保留了 100 维数时，人脸的 92% 左右的特征都能被清晰地保留下来，如果增加保留的维数，那么这个比例的变化将越来越不明显。

（二）SVM 对人脸分类技术与作用分析

SVM 对人脸分类技术概况。支持向量机（SVM 技术），主要的研究运用最初是由国外提出与运用的，在 1995 年由 Corinna Cortes 和 Vapnik 等进行研究与开发提出来的。针对机器学习的运用，本技术利用相关的学习算法进行相关的监督学习模型，并且在研究过程中支持向量机，然后分析出相关的数据与相关的信息内容，并对模式进行识别操作，主要是用于回归分析与分类分析等内容。

制作多分类器。通过 PCA 技术应用在人脸降维方法之后，再运用 SVM 图像处理技术对上述的进行人脸识别分类的研究。按照该原理，将每个人的前五张照片图像进行合并，生成训练集，然后将每个人的后五张照片图像进行合并，生成测试集。注意，在制造多分类器之前，需要对 PCA 技术分析出的数据进行归纳运用，并将图像矩阵中的每个元素采用映射的方法调到（-1，1）之间。

数据与信息的参数选择及程序结果分析。第一，采取分类数据的方法进行差距分析。训练集存储的是每个人的前 5 张照片，测试集存储的是每个人的后 5 张照片，其中自己的人脸图像是不加入的。SVM 参数设定：k=75（PCA 降至 75 维）；Sigma=30；c=15；预测精确率：Accuracy=0.8950。

第二，每人取出前五张用作训练，最后五张用作测试（加入自己的人脸）。SVM 参数设定：k=75（PCA 降至 75 维）；Sigma=30；c=15；预测精确率：Accuracy=0.8585。

根据上述结果，可以得出相关的分析结论：当加入自己的人脸图像后，预测精确度下降，很可能是拍照时的光线、角度等原因造成的。

（三）ANN 对人脸分类技术和分析

（1）ANN 对人脸分类技术的概述。人工神经网络（ANNs）简称为神经网络（NNs），或称为连接模型（Connection Model），是关于一种模仿动物的神经系统与网络的行为特点，对信息进行分布式和处理而采用的一种算法数学模型。该网络利用系统的复杂程度，为了实现处理相关信息的目标，把内部很多节点相互之间的联系进行局部调整。针对 SVM 技术方便、快捷的运用，我们分析出上述的结果内容，与 ANN 技术当中的测试集与训练集进行对比分析发现，结果是相同的，这是在不需要加入自己的人脸的基础上进行分析得出来的结论。

（2）ANN 技术结果及与 SVM 技术的分类比较分析。对于 ANN 技术的分类与比较内容进行分析，对相关的参数等设定，通过学习率、激活函数、L2 正则、epoch 以及 batchsize，以及对分类错误率与精确率等相关技术结合计算机信息方法处理、运用，具体的内容做出如下示例。

ANN 的分类结果包括 ANN 参数设定：1 个隐层，含 200 个神经元；学习率：1；Dropout fraction：0.5；　激活函数：Sigmoid；L2 正则：0.0001；Epoch：200；Batchsize：50；　分类错误率 [分类精确率（Accuracy）]：93.5%。

对于上述的 ANN 技术分类的结果与总结得出，主要在精确度上进行了分析其差异性的变化，对精确度是非常高的，还有很多的图像精确度，主要在精确度上升的空间，主要在调整上进行参数分析。与 SVM 比较分析与运用，主要运用 ANN 精确度进行更高的运用处理。对分析表明，对相关的参数进行了数据库分析，对上述的技术的精确度，进行全面的分析差异比较运用。

（四)GAN 生成手写数字技术的分析

（1）GAN 生成手写数字技术的概述。GAN 即生成对抗网络是一种深度学习模型。在原始的 GAN 理论与技术中，并不一定选择神经网络作为 G 和 D 模型，只是要求将相应的生成函数与判别函数进行融合运算。一般在实际运用过程中，选择深度神经网络作为 G 和 D 模型。

（2）对 GAN 技术中的参数设定及程序结果分析。GAN 技术，对于参数设定与相关的计算机处理信息的结果分析，从所有的手写字体集合中选取一个，在数据集合中选取所有该字体的前 5 000 个，作为训练集进行运用与处理，其过程如下。

参数设定：生成器（Generator）：输入层、隐层和输出层分别有 100，512，784 个神经元；识别器（Discriminator）：输入层、隐层和输出层分别有 784，200，1 个神经元；学习率：0.01；Batchsize：50；更新判别器时的迭代次数：1。生成训练集：

```
load('mnist_uint8');
classify_num=9;
classify_matrix=zeros(1, 10);
classify_matrix(classify_num+1)=1;
choose=zeros(size(train_x, 1), 1);
for i=1 : size(train_x, 1)
if(train_y(i, : )==classify_matrix)
choose(i)=choose(i)+1;
end
end
choose=logical(choose);
train_x=train_x(choose, : );
train_x=train_x(1 : 5000, : );
train_x=double(reshape(train_x, 5000, 28, 28))/255;
train_x=permute(train_x, [1, 3, 2]);
train_x=reshape(train_x, 5000, 784);
```

虽然生成器损失不是很大，但最终基本稳定。

SVM 技术对生成手写数字等进行分类和分析。对 SVM 技术的运用，主要在于对 GAN 技术的手写数字进行全面的分类与分析，也就是使用 0~9 的手写数字分别产生图片，此图片是作为测试集用的，相关分类结合 SVM 进行正确的分析与运行。

Result 矩阵，存储的是投票结果信息，其计算结果是将投票数最多的一个序号减一进行运算而得出的。对于 SVM 技术的分类运用，主要运用在对人脸识别的技术上，即由 45 个一对一分类器生成的多分类器。

本节对人工智能算法的图像识别与生成技术，进行全面的分析与运用。运用 PCA 技术对原始数据进行降维计算，不仅能保留原始的处理信息，还可以提高执行效率。通过组合 SVM 的二分类器来生成多分类器来实现对人脸的识别，精确率高达到 89.5%，最后利用 GAN 技术实现了对手写字体的正确分类。

第二节　人工智能与图像处理实践应用

一、主、被动智能图像监控系统的设计

针对视频安防监控系统需要有人值守、对场景的监控没有时间选择性、摄像头需不间断地拍摄、监控参数单一等问题，研究和开发了一套主、被动相结合的智能图像监控系统，系统主要包括显示模块、摄像控制中心、传感器节点，集成了模式识别、信息传输和图像监控中的最新技术，实现了主动监控与被动监控以及选择性启闭各种状况的报警。

目前市场上出现多参数安防报警装置，主要是视频安防监控系统，对场景的监控没有时间选择性，摄像头需不间断地拍摄，主要包括烟雾、燃气、人员入侵等监控报警，通常使用有线网络或结合 WI-FI 组成控制网络，对网络要求严格，且该装置未结合被动摄像采集，只能实现简单报警不能清楚反应现场情况。这些监控装置具有要求有线网络的接入、不间断监控造成的资源浪费、成本高、监控不全面等不足，因此，一种能够实时反应现场情况的主、被动智能图像监控系统就非常必要。

（一）系统的体系结构研究与设计

主、被动智能图像监控系统结合了家居安防系统理念，把摄像装置、云台、被动感应红外传感器、被动烟雾传感器、被动漏电报警器、被动燃

气传感器以及门窗报警装置等组成监控网络。在发生报警时，监控系统能够实时地把信息发送给显示终端。

主被动监控方式：

（1）系统被动监控。正常时摄像单元以及各个节点传感器都处于休眠状态，当有人闯入或者触发红外报警以及其因为它环境（如火灾）报警时，传感器立即把报警信息发送给摄像单元，摄像单元立刻定位报警点并调节云台摄取报警点图片和视频，随后继而把视频图片及报警信息通过 GPRS 的 4G 网络发送给显示终端，也可以通过 WI-FI 网络把视频图片信息传递给显示终端。

（2）系统主动监控。当没有报警信息却又需要查看某一个地方的当前状态时，可通过显示终端发送命令给摄像控制中心来主动获取某位置的视频图像信息。当传感器节点和摄像单元接收到命令时，结束休眠启动工作，调节云台进行视频图像的摄取并发送给显示终端。该系统能够解决普通监控需不断工作的资源浪费以及监控报警单一等问题，添加主动监控功能能够轻松实现选择性启闭各种状况报警。

主、被动智能图像监控系统，由显示终端、摄像控制中心、传感器节点三个主要部分组成。

（二）系统功能设计

系统功能需求分析。系统核心部分控制中心的主控芯片采用 STM32F107 单片机，主要处理各种命令，负责其他模块之间的相互配合；射频模块选用 CC1101，主要用来接收和传递传感器节点的报警信息，主控芯片识别信息后控制摄像控制模块，摄像控制模块根据接收到的主控芯片的命令开启或关闭摄像头并按需求调节云台；云台主要用来调节摄像头的拍摄位置和方向，并由 GPRS 模块发送报警信息至显示终端同时还具有接收显示终端操作命令的功能，各模块相互配合相互联系，实现主动与被动结合的监控模式。

系统各模块功能：

（1）显示终端。主要指计算机、手机、PDA 等设备，主要有画面亮度均匀、画质好、低功耗、体积小、易安装、易携带、动态图像显示效果较佳等优点，同时作为监控者的"眼睛"，可以远程随时随地查看监控对象的状态，并按需求对其进行控制。

（2）摄像控制中心。主要包括主控芯片、摄像控制模块、摄像头、云台、Flash 存储模块、GPRS 模块和射频模块等。主要功能是判断所接收到的命令的种类，如果是摄取某位置图像命令，则开启摄像头调节云台拍摄视频图像并返回视频图像信息给显示终端；如果是启闭传感器节点命令，则通过射频信号发送给目的节点，传感器节点接收到命令后判断当前的启闭状态并按要求修改自身状态。

（3）传感器节点。主要指被动感应红外传感器、被动烟雾传感器、被动漏电报警器、被动燃气传感器以及门窗报警装置等。主控芯片采用 MSP430F1222 单片机，射频模块 CC1101 用来给摄像控制中心发送报警信息并接收其返回的命令，传感器是用来检测报警条件的触发，如检测人员进出、烟雾、燃气、漏电、门窗恶意开启等。

（三）系统关键的技术路线

系统关键技术：

（1）传感器节点监控定位人方法选择。

（2）在射频发送报警信息时，怎么防止信息碰撞。

解决路线：

（1）红外定测法：通过红外检测并定位人员（红外定位法）。例如，5 个红外检测模块，人员进入第一个红外模块检测区域，第一个模块报警，走出了第一个模块，第二个模块就能检测到，通过模块放置位置来定位人员位置，方便拍摄监控。实际中传感器节点的被动红外传感器可固定安装在阳台、门厅等处并给予编号，人员进入时能够产生中断并通过模块编号对人员跟踪定位拍摄。

（2）在每一个传感器节点检测到报警时，开始发送第一次报警，此后按照一定时间一直发送报警信息，直至收到摄像控制中心的应答。每一个监控点延时的时间不同，即使在一次碰撞后，第二次也能够避免，直至能够接收到应答才停止发送，避免信息碰撞丢失。

本节针对家居的安全隐患问题，分析了目前的安防报警装置存在的问题和不足，设计了一种能够实时反应现场情况的主、被动智能图像监控系统，系统主要由显示终端、控制中心、传感器节点组成，显示终端类似人们的眼睛，随时查看监视对象的状态；控制中心类似人们的大脑，主要进行分析判断并收发命令；传感器节点犹如人们的手脚，执行对监控状态的开闭工作。

主、被动智能图像监控系统整体上弥补了其他报警监控装置对网络要求严格、只能单报警不能清楚反应现场情况、成本高、浪费资源、监控不全面等缺点，解决了摄像头不间断拍摄、监控参数单一等问题，并能够轻松实现调节报警条件。在被动传感器发生报警时，唤醒正在休眠的摄像单元执行拍摄报警点图像任务，并把报警图片及信息发送给手机、计算机等显示终端。在手机、计算机等显示终端主动需要某点图像时，能够唤醒休眠的摄像单元，读出命令拍摄需求点并返回图像。主、被动智能图像监控系统，更进一步地提高了人们家庭居住环境的安全性。

二、基于智能图像视觉的特定场景监控系统设计

随着视频监控的逐渐普及，对场景的实时监控也成为趋势。但由于传统系统多采用固定设备，在其监控质量上很难保证。基于此，提出基于智能图像视觉的特定场景监控系统设计。在其硬件设计中，设置传感器DVS520PC设备、数码管及其他输入设备；软件设计中，实现视频采集端口设计、特定监控端口设计。通过实验验证得出，智能图像视觉的特定场

景监控系统设计可以在一定程度上提高监控质量和跟踪水平。

最近几十年来，由于镶嵌技术、计算机图像技术、计算机通信技术的不断进步与各种镶嵌式 CPU 的不断发展，图像监控技术也获得了相当大的进步空间，并在诸多专业发展方向上得到社会广泛的关注。最近几年，由于国内安全与消防事业得到了快速进步，而监控仪器的类别也越来越多样化，然而民众对监控仪器的使用要求也有了越来越高的标准。图像监控系统的发展大致经历了基础化、数字化、智能化的发展。前期的图像监控系统是第一代监控系统基础视频的模拟设备，其中主要是利用了磁带录音设备作为储存仪器，视频的传输利用和采集路线则是模拟初步线路走向。这种系统主要是利用摄像头对采集视频进行模拟发射，之后再在线路传输过程中通过信号发射的进程与类别进行数据传输，所以其抗打扰能力较低，容易受周围噪声的影响，也容易出现信号减弱，导致图像监控端口的监控图像的质量较差且图像在传输过程中的速度也极其不稳定，容易受初始化传输线路的局限，造成初始期的视图像监控系统的线路之间的传输效率较低，不过这会对远程传输与警示造成麻烦。

（一）基于智能图像视觉的特定场景监控系统的硬件设计

传感器 DVS520PC 设备。传感器 DVS520PC 设备是本系统硬件设计的关键所在，客户主要是通过 PC 机对产品和传感器进行配套设计，这就相当于在图像视频的使用上设置一系列的监控范围与类别。之后，再进行更新下载，完成下载后传输到 Frame work 之中以后，智能图像视觉的传感器设备就能够脱离 DVS520PC 设备而直接实现数码管道的监测，具体传输运行的时候，可以通过 DVS520PC 设备完成实现特定场景监控的设定目标，假如可以和数据库相链接，就能够完成数据的实时监控管理。其中光源变化是影响仪器视觉效果如何的直接原因，这就导致它会对数据输入的过程以及最低 30% 的使用效果产生最直接影响。因为其没有统一使用的仪器视觉光照效果。因此，根据每一个特殊场景的使用案例，是要根据相匹配的光照设置，以便达到其最大使用效果。在本系统设计之中，需要按照被使用对象的一系列特征，采取特殊光源。特殊光照是将高频率的光脉冲击映射到图像屏幕之中，这就要求摄像机的扫描效率与光照的闪烁速度统一。传感器 DVS520PC 设备主要导入的 CTO 数据信号当作是 POC 的输入信号，再根据逻辑计算之后的 POC 数据节点，从而完成仪器设备的图像监控，排除掉不及格的数码管道。其电源设计主要按照智能 AI 技术的传感器以及特殊的供电来源，依据智能图像视觉产品的特定设置。传感器 DVS520PC 设备采取的是 25 V 直流电压的电路电源。值得注意的是，如若利用采集化光源涉笔，那么电源的供电效率和电压设置都需要继续增加 10 W 以上。

数码管及其他输入设备。数码管有必要放置统一流水线上，由于其伴随着流水线进行活动。所以当活动到监测地位的时候，需要立马开关数码管，这个时候，数码管就已经进入到摄像镜头的监测范围之内，这些主要是按照流水线的运转效率和工作速度而设立的，镜头大多时候都是被固定在一定地点上的，而设置在流水线一边的电子眼这个时候就会立马发射出一个引导信号，图像传感器在接收到引导信号之后，就会马上即时拍摄一张视觉倒像，几乎在拍照的时候，其图像传感器的特制光源就会闪烁一次。视频的采集端口主要是监控系统搜集视频数据的来源。视频采集终端则是从监控镜头之中采集到特定场景的图像信息，且对其进行初步模拟处理。因为初始化的图像采集量在图像屏幕的分辨率、镜头质量以及最终的图像传输质量上都和移动仪器和计算机网络的使用存在较大的差别。所以，图像采集端口有必要对特定场景下的图像数据以及信息进行数码编程的压缩化处理，以便其在 GPR 计算机网络终端上极其有限的宽带设置条件下可以进行即时传输的图像数流。为了将图像数据即时传输到计算机终端上，图像采集终端是除了获得图像数据并进行数据编码、压缩以外，还有必要将压缩以后的图像数据传输到引导仪器上面，以此将整个系统设计之中的每一个特定场景采集下的图像终端与操控者进行联系。客户还能够将每天或每个月的诸多监测报告和结果利用 PC 机传输到局域网的图像信息采集库之中。

（二）基于智能图像视觉的特定场景监控系统的软件设计

（1）视频采集端口设计。基于图像视觉的特定场景监控功效是系统设计中最为基础的功能之一，它主要向图像采集端口提供了到客户最终使用的图像场景下的信息。这一过程是将即时的图像信息从监控实景转换到计算机网络的无线端口的传输。所以，宽带的流量设置会导致视图像信息有必要经过编程设计进行压缩处理，这一个具体过程主要是由图像采集的设计程序即时实现的。

图像采集端口的运转在和监控镜头进行直接联系的独立基础之上，在系统操作进行运营之前，网络管理员有必要对采集终端的一系列参数进行特定设置，其中涵盖了可以监控特定场景的客户身份、指定运转服务器的 IP 以及所采取的视频编程标准。图像采集终端可以根据监控镜头的拍摄获取到特定采集的图像，之后再根据匹配的编程标准对镜头拍摄的视频进行即时地设计、采集与压缩。这样一来，既能够降低其在计算机网络上的图像传输的具体速度，使得系统遭受计算机网速带宽的局限性一定程度上降低；最为重要的是，还能够减弱移动仪器终端对图像编码进行设计时所要求的需求量。这导致移动仪器可以即时地对编程设计进行压缩处理后的图像信息进行播放。所有图像的采集终端的参数对照进行有计划的、有条理的系统操作配置。为了最大限度地降低计算机网速宽带自带的需求量，系统设计利用 H204 系列的图像编程，尽可能地保障智能图像视觉的基础上降低图像采集的数据出错率，并降低其排序的编码率，以便可以在既定的通信网络设计通道上实现实时操作。

（2）特定监控端口设计。特定监控需要联系相关拓扑结构、GPSL 等多种有效方法，对监控场景的辐射范围，网络资源的数据量，信息文件的备份关系，造成计算机网络维护工作人员可以在事故发生的第一时间掌握到计算机的运行情况，从而导致计算机网络运行状况可以具体看得见，其中事故场景的影响类别具体可以分析为事故可追溯源头。区域场景的特定监控还涵盖场景范围、监控实景、监控数据以及场景预测时间和终止时间等配置，从而实现重大场景下的特定配置以后，将这种场景设置纳入到检测表格之中去展现特征。特定场景的设置规则、性质、类别等有关信息的存档，在事后是可以追溯得到的，可以呈现环境围绕。定制中利用模拟 GPUS 通过模拟地图的手段展现特定场景下的表现，最为逼真的是进一步提供出场景的特定环境、仪器分布、应急操作等功能。

（三）实验论证

为保证本节提出的基于智能图像视觉的特定场景监控系统设计的有效性，进行实验论证，实验论证采用相同地区的监控摄像头进行论证实验。为保证实验的严谨性，采用传统监控作为实验论证对比，对监控质量以及跟踪进行统计。

本节涉及的系统与传统设计监控相比，在监控质量上大为提高，而且保持一定的稳定，同时在跟踪上来讲，与监控质量形成正相关关系，这与传统设计形成鲜明对比，也是一种进步。

本节对基于智能图像视觉的特定场景监控系统设计进行分析，依托智能图像视觉的智能结合机制，再根据监测数据与设备，对监控系统进行调整，从而实现本节设计。实验论证表明，本节设计具有较高的有效性。希望本节的研究能够为基于智能图像视觉的特定场景监控系统设计方法提供理论依据。

三、AI 智能图像分析在机场安检的应用

本节结合当前信息化发展的新形势和机场安检业务场景，引入 AI 智能技术，在现有民航规章的框架下提升安检效率和准确率，防止漏检漏放的安全检查事件发生，实现更快速、更高效、更智能的智慧安检。

近年来，在社会经济快速发展的带动下，首都机场自 2016 年突破旅客吞吐量 9 000 万人次以来，短短两年时间，首都机场实现了 1 000 万增量，运输旅客吞吐量超过 1 亿人次，并连续 9 年位列世界第二繁忙机场。这是首都机场自 2008 年 T3 航站楼开通以来实现的一次历史性跨越。随着不断攀登客流高峰的同时，机场安全检查的效率和质量也面临着巨大挑战。如何在安全可控的范围内，快速高效地实现安全检查已成为亟待解决的问题。

(一)AI 智能图像分析系统介绍

针对首都机场各航站楼的安检流程进行通盘考虑，在每个安检机旁配备一个 AI 智能图像分析终端，配套专门的 AI 智能图像分析软件，实现现场开机员的 AI 辅助判图功能。同时建立智能图像分析云，将安检图片汇集到分析云上，通过大数据以及人工智能算法分析云对安检图片进行挖掘、分析，建立安检危险品特征大数据平台。

整体系统由 AI 智能判图软件、AI 智能终端、识图云平台组成。

AI 智能判图软件：通过核心算法及大数据分析对 X 光机过检图像进行识别，并将识别结果反馈在显示屏上，辅助开包员判图。

AI 智能终端：将识别结果图片反馈到识图云平台。

识图云平台：收集 X 光图片数据，深度挖掘 X 光图片数据特征，对 X 光机图像进行把控。

外部接口：对接安检信息系统等第三方运营系统。

基本功能与流程如下：①当待检物品进屋 X 光机，生成 X 光图片；②得到 X 光原图，根据图像核心算法对图像进行处理，标注可疑物品范围；③在同屏显示器显示处理结果，辅助开机员进行判图；④同时将已经处理的图像通过 AI 智能终端传输到识图云平台，供深度挖掘处理。

(二)AI 智能图像分析核心功能

深度学习分类。为了降低不同行李中的复杂背景干扰，采用 FPN 网络特征提取为作为特征提取算法，可以准确地检测出不同大小的违禁品 / 携带品。可替换的主干网络也为进一步提升特征提取的效果提供基础。将图片切成小块，使用图像分类方式确定目标品位置，与可疑物品的 X 光图像和背景相比存在差异，切分图片后可以更精准地定位违禁品 / 限带品的种类、形状、尺寸等信息。需要根据可疑物品类型有针对性地进行分类，如刀具、枪支、打火机等。深度学习分类是一个持续的过程，随着实际应用中不断发现新的可疑物品而更新。

深度学习检测：①考虑在安检实际运营中的应变能力、容错能力，确保系统可靠稳定，最大限度地支持业务的正常运行，满足连续运行的要求。②系统应支持机场相关系统间的数据交换和共享，实现与各种相关系统的数据连接，不同操作系统之间信息交换互联互通。③系统应具有可管理性，通过管理工具辅助管理人员监控和管理系统的运行，为系统故障的排除、解决和数据分析提供支持。④系统应具有充分的可扩展性，能够根据业务需求灵活地扩展功能模块。同时，根据未来业务的增长和变化，在保证网络架构和现有设备不变的情况下，可以平滑地扩充和升级。

（三）必要性分析

（1）先进技术手段有助提升空防安全技术水平。通过系统项目中智能图像分析、大数据等技术，有效提升防漏检、控制可疑行李等功能，提高通行效率和空防安全技术水平。

（2）解放机械性重复劳动，降低人员成本。项目利用智能图像分析技术实现安检机与开机员动态调度等功能，减少开机岗位人员配备和劳动强度，有效提高劳产率，节约人工成本。

（3）通行效率提高，促进服务品质提升。通过系统项目中辅助判图等功能，加快开机员判图时间，提升安检通道的通过效率，缩短了旅客在安检环节消耗的时间，提升了旅客过检体验，提高安检服务品质，从另一方面也保证了航班的准点率。

（四）应用中需注意的问题

（1）要有适当的超前和前瞻性，根据目前信息技术的发展方向，采用视频分析、图像分析、大数据等新一代信息技术，保持系统的先进性，坚持统一规划原则来设计系统，使它成为机场信息化系统的有机组成部分。

（2）系统建设重点是完善应用系统和数据资源，并且按服务对象需求组织提供数据服务，通过对数据的采集分析、交叉比对，实现对数据的挖掘应用，充分利用数据实现有效应用及扩展服务。

（3）在系统建设、运行、维护、安全管理等环节按照国家标准和项目标准开展各项工作。系统设计要符合信息系统的基本要求和标准；数据类型、编码、图式符号要符合现有的国家标准和行业规范。

AI智能图像分析改变了安检工作的质量受限于安检人员的能力、经验、情绪和态度的现状。有助于提升图像判断准确率及敏感度，辅助分析判断，还大范围减少人工工作强度，缓解疲劳，降低错误概率，降低漏检概率。通过安检工作方式特别是对图像质控方式的创新，增加处理手段，提高安检质量和工作效率。

AI人工智能图像分析系统借助人工智能图像识别技术，不断训练优化人工智能模型，使机器更加准确地自动识别危险物品并给出提示信息，将会极大提升了机场安检工作的整体效率。

四、海洋环境污染信息智能图像监测技术

基于海洋环境污染信息智能图像监测技术为核心进行研究，分析海洋环境污染信息智能图像监测技术，包含智能化数字遥感技术、合理运用水质传播器、大数据的对比分析法等，并以此为依据，对信息智能图像监测技术的测试和仿真实验展开较为深入的分析。

伴随我国科学技术的飞速发展，人类针对海洋环境保护意识正在逐年提升。但是据目前我国海洋环境污染监测现状来看，部分国家都在使用传

统海洋监测技术，相对于智能图像监测技术而言，该技术存在监测范围小、不具备精准性等问题，而且该技术只能适应于近海环境监测，若是长时间对污染源进行监测，某处污染源会因为监测时间较长，在监测的过程当中从另一区域漂移到另一个区域。因此，本节提出了海洋环境污染信息智能图像监测技术，合理运用该技术对海洋环境污染问题进行监测，不仅能提高海洋环境污染的监测精度，同时还能根据监测信息获取到海洋环境污染样品信息，进而大范围应用信息智能图像监测技术。

（一）海洋环境污染信息智能图像监测技术分析

依照目前海洋环境污染信息智能图像监测技术应用现状来看，主要包含智能化数字遥感技术、合理运用水质传播器、大数据对比分析法等。因此，将针对海洋环境污染信息智能图像监测技术，展开较为深入的分析。

1.智能化数字遥感技术

基于智能图像监测技术而言，其中包含智能化数字遥感技术，该技术核心为遥感卫星，借助遥感卫星进行构建智慧型数据模块，从而针对海洋环境中存在的污染问题开始监测，通过该方式监测海洋环境污染问题，还能分层筛选出有效信息传达给相关人员。此外，由图像层、海洋信息表示层和海洋分析显示层等结构，组建而成的是智能数字遥感技术。智能数字遥感技术主要体现在以下几个方面。

（1）若是针对图像层进行研究的话，是借助遥感卫星对海洋环境的污染现状开展遥感识别方法，在识别过程中把拍摄到的图片，通过简单处理使用无线网络实现传输，及时提供给海洋环境污染信息的处理人员。

（2）若是针对海洋信息处理层进行研究的话，是把已经监测到的信息内容通过数字化呈现给相关人员，让人员能针对海洋环境物理场、海洋对象数据库有效处理污染问题。

（3）若是针对海洋分析显示层进行研究的话，是对所有信息实现接纳的过程，再通过运用数据链路模式、图像数据模块和数据挖掘技术等实现图像处理。

2. 合理运用水质传感器

在海洋环境污染信息监测技术中，除了智能化数字遥感技术以外，水质传感器也是重要组成部分。通过运用水质传感器的方法对海水 pH 值监测、海水溶解氧监测、海水电导率监测和海水温度监测等实现监测。首先，针对 pH 值传感器进行分析：该传感器在应用过程中起到的作用效果是对海水酸碱程度监测和测量；其次，针对溶解氧传感器进行分析：该传感器在应用过程中起到的作用效果是对海水溶解氧量监测和测量；再次，针对电导率传感器进行分析：该传感器在应用过程中起到的作用效果是对海水电导率变化监测和测量；最后，针对温度传感器进行分析：主要是针对不同层次深度的海水温度实现监测和测量。由此可见，水质传感器不仅能在计算机的图像显示系统中完成监测图像处理，还能针对多个监测点开展监测，从而针对集成 pH 值检测、海水溶解氧、海水电导率等监测装置实现综合采集。

3. 大数据的对比分析法

该方式虽然能够针对海洋环境的污染信息进行有效提取，但是常常都会因为提取数据量过大，从而出现对比分析困难等问题。因此，这需要相关人员能够针对大数据对比分析法实现创新与优化。首先，相关人员要对现有数据源类型界定标准实现创新，可以依照图像信息和数据源提取内容，与标准污染图像或污染参数实现数据对比，通过对比方式得出最终的综合检测结果。与此同时，HIA 需要基于海洋环境污染的实际情况，其中包含海风、顺流，以及在采集数据过程中遇到的"合理量化"影响因素，都需要从全方面角度展开分析和考虑。

（二）智能图像监测技术的测试和仿真实验

针对海洋环境污染信息开展智能图像监测技术的话，必须先做好测试的准备工作，并且还要通过监测分辨率测试、监测时效性测试等测试方法，开展仿真实验。

（1）测试的准备工作。要想有效验证海洋环境污染信息智能图像监测技术的可靠性和准确性，需要相关人员能够挑选不同海域、不同海洋环境背景下以及不同仿真污染源大小等多个方面因素开展对比试验。除此之外，要想保障海洋环境不遭受到污染，需要合理利用仿真污染源，对测量检测辨识度方式进行对比分析，可得出：发现污染源实验次数÷总实验次数之比＝监测辨识度。

（2）监测分辨率测试。以运用传统海洋监测技术和智能图像监测技术，对 1 000 km² 固定的监测海域开展仿真污染源的检测分辨率测试。在监测过程中不仅要记录所有监测结果信息，还需要在记录之后更换另一个固定海域，并且在监测过程中还将运用不同流速、不同对比度环境开展仿真污染源的检测分辨率测试，及时记录监测过程中收获到的信息内容，从而得出辨识度－仿真污染源面积曲线。基于获取到的辨识度-仿真污染源面积曲线可以看出，相对于智能图像监测技术而言，传统海洋监测技术不适用于海洋的小污染源监测，一旦污染源监测结果＜300 m² 时，那么辨识度处于80% 左右，而当污染源监测＜200 m² 时，辨识度在 75% 左右，由此可见，辨识度会因为污染源监测的大小因素造成不同程度的限制。

（3）监测时效性测试。以运用传统海洋监测技术和智能图像监测技术，对 1 000 km² 固定的监测海域开展仿真污染源的监测时效性测试，并且还将针对所有污染源的监测时间进行详细记录。相比较传统海洋污染监测系统而言，会因为污染源的减少，增大监测时间，如：污染源＜300 m² 时，监测时间高达 10 min；污染源＜150 m² 时，监测时间高达 15 min；但是智能图像监测技术会根据污染源面积的不断减小，维持稳定的监测时间，并且还能在 5 min 内就发现污染海洋环境的主要目标，从而及时上报给相关人员进行处理。

根据目前海洋环境污染监测技术现状来看，基于科学化发展背景下，所使用的智能图像监测技术，主要是由智能数字遥感技术和水质传感器技术组建而成，而且针对海洋环境的污染数据实现采集，还可以通过数据对比分析方法针对数据实现计算，合理运用智能图像监测技术进行监测海洋环境中存在的污染，从而在通过监测分辨率测试、监测时效性测试等智能图像监测技术的测试和仿真实验，扩大范围地应用信息智能图像监测技术。

五、大数据分析与智能图像识别技术融合应用

目前，全球正处于一个高速发展的信息时代当中，图像作为一种信息交流与传播的核心载体，是人们进行信息交流与认识事物的主要媒介，是拥有高度直观性的信息表达方式。但是，其自身却是一种非易于获取、识别、传递、分析和存储的信息数据。人类社会对信息化需求的日益增多，使得在对各种各样的信息进行处理时，不但要考虑传统的文本数据，而且要加入表达更加丰富的图像内容信息。图像智能识别中的高频成分，采用大数据集域自适应快速算法图像特征检索是当前图像识别的一个新的研究热点。

基于大数据集域自适应图像特征智能识别的目标是对图像进行描述，获取图像的个性特征，从而发现隐藏于图像数据当中的知识，并将这些知识呈现给用户。为了解决图像特征智能识别期间容易产生不连续特征智能识别以及光滑性模糊的问题，在图像特征智能识别方面引入了大数据集域自适应，确保检测得到的图像特征信息具备良好的清晰度与完整性。对不同像素进行特征智能识别的过程中，可供选择的像素点范围。利用大数据集域对于不同特征尺度都可以达到较高的图像识别率，能够更加精确地实现图像特征分类，由此可以推断实验结果表明，所提方法能够有效提升图像特征平均识别率，且鲁棒性较好，但本节方法在识别实时性方面有待提高。

（一）数据库架构的设计

数据库架构是数据资源布置方式的统称，一个合理的架构可以提高数据的安全性和数据访问的速度。目前提供大数据访问的平台提供商，广泛

采用数据库前端平台搭建模式结构具有使用方便、成本低、适应强等特点，但这种基于动态网站建设技术的数据平台前端建立模式最大的缺点就是安全性不能得到很好的保障。因此，在大数据平台下数据库的架构设计必须采用相关的措施提高数据库的安全性。为了提高数据库平台的安全性，在数据库核心层的外围需采用多层控制机制，大数据平台要面向众多的使用对象，接入层是每个使用对象必须经过的访问节点。接入层要提供有线、无线、云上数据等各种接入服务。如果从数据的安全性考虑，对众多的接入请求，接口要建立足够的安全保障机制。但如果复杂的安全保障机制建立在接口层，会使接入速度降低、服务品质下降。从大数据的使用初衷考虑在服务品质和安全性这两方面权衡，在接口层一般对安全性不做硬性要求，从而保证提供较高的服务品质。中间件：大数据的特点就是数据量大而复杂，如何使用户快速、便捷地从海量数据获取所需信息，是架构设计必须考虑的。目前，多采用多语言支持、索引等中间件来提高访问效率。另外，在中间件的下层多采用面向列的开源数据库提供数据库技术支持。作为数据的存储空间的管理层是整个数据库架构的核心，目前采用共享存储等管理数据资源，为数据保存提供高效组织方式。运维服务：大数据架构的使用对象众多，使用方式和使用习惯差异很大，平台架构运行后会有很多问题需要进一步服务。只有在不断的维护和改进中平台的功能才能更加完善。现在平台维护主要涉及全链路监控、自动运维、资源调度、运维部署、物理机等几个方面。

（二）安全数据库的建立

为了提高大数据平台的服务品质，在接口层对于安全性没有采用过多的设计。但数据的安全还是大数据系统必须考虑的问题。因此，除了在产品层对于安全性的总体硬件部署之外，在数据库的结构设计上安全性的本质要求必须充分体现。数据库是大数据系统的核心，因此安全层次的部署也相当复杂。可以采用专用安全数据库系统对核心数据库进行保护，数据库安全管理层结构主要构成及功能负责整个数据库安全管理层的高层管理，具体有配置管理、安全审计、操作日志管理、用户管理、权限管理、日志分析等功能。监控管理子系统：包括警告管理、性能管理、配置管理，在警告管理模块主要实现警告过滤、警告分析、预处理、格式化等功能；性能管理模块主要包括数据稽查、阈值对比、数据汇总、预处理等功能；配置管理主要包括数据整合、异常处理、数据审核等功能。核心数据库是大数据平台提供服务的信息载体，有着极其严格的配置管理控制。在安全控制及信息过滤的过程中也会需要大量的数据需要建立数据库进行存储，但从数据结构及安全配置管理的角度去考虑，这些存储的数据不需要供给大数据客户使用，因此需建立专用的安全数据库进行存储。这类数据库主要有警告数据库、性能数据库、配置数据库等。

（三）识别技术

传统的方法在识别对象中输入的仅仅只有一幅图像，基于此，通常都是采用图像特征智能识别。使用的样本库，通常是两种，即不同尺度的相似结构（来自于图像特征智能识别）与外部图像特征智能识别样本库。随着网络技术的发展，计算机视觉领域也取得了迅速的发展，基于大数据集域自适应快速算法的图像模式比传统图像模型要高级得多。通过分析当前图像识别方法进行大数据环境下图像特征智能识别过程中存在的弊端，主要在于大数据集对图像融合特征进行预处理，形成图像的抗体库。

基于大数据的图形图像处理是大数据的主要应用方向，良好的数据库架构可以提高处理的速度，减少误差，最大限度地提高工作效率。

参考文献

[1] 邓方，陈文颉.智能计算与信息处理 [M].北京：北京理工大学出版社，2019.

[2] 冯平，程涛.PCB 自动光学检测数字图像处理技术 [M].成都：西南交通大学出版社，2018.

[3] 贾永红，何彦霖，黄艳.数字图像处理技巧 [M].武汉：武汉大学出版社，2017.

[4] 李作进.基于视觉机理的自然图像处理 [M].成都：西南交通大学出版社，2016.

[5] 梁玮，裴明涛.计算机视觉 [M].长沙：湖南科学技术出版社，2020.

[6] 刘小波.图形图像处理 [M].重庆：重庆大学出版社，2014.

[7] 任会之，孙申申.图像检测与分割方法及其应用 [M].北京：机械工业出版社，2018.

[8] 双锴.计算机视觉 [M].北京：北京邮电大学出版社，2020.

[9] 孙慧扬.服装计算机辅助设计 [M].北京：中国纺织出版社，2020.

[10] 孙正编.数字图像处理技术及应用 [M].北京：机械工业出版社，2016.

[11] 王辉，王晗.基于计算机数字图像处理技术木材表面纹理特征提取和分类识别方法 [M].北京：北京理工大学出版社，2020.

[12] 王育坚，鲍泓，袁家政.图像处理与三维可视化 [M].北京：北京邮电大学出版社，2011.

[13] 王兆华.计算机图像处理方法 [M].北京：中国宇航出版社，1993.

[14] 魏龙生，罗大鹏，高常鑫.计算机视觉中的相关滤波跟踪和图像质量评

价 [M].武汉：华中科学技术大学出版社，2021.

[15] 吴娱.数字图像处理 [M].北京：北京邮电大学出版社，2017.

[16] 尤凤英,刘洪海,肖仁锋.图形图像处理 [M].济南:山东科学技术出版社，2016.

[17] 张枝军.图形与图像处理技术 [M].北京：北京理工大学出版社，2018.

[18] 郑继刚，王边疆.基于 MATLAB 的数字图像处理研究 [M].昆明：云南大学出版社，2010.

[19] 朱秀昌，刘峰，胡栋.数字图像处理与图像信息 [M].北京：北京邮电大学出版社，2016.